U0223051

欧游看建筑

◎罗庆鸿 张倩仪—— 合著

生活·讀書·新知 三联书店 生活書店 出版有限公司

图书在版编目（CIP）数据

欧游看建筑 / 张倩仪，罗庆鸿著 . — 北京：生活书店出版有限公司，2015.07
（2016.6 重印）（2017.11 重印）
ISBN 978-7-80768-035-2

Ⅰ . ①欧… Ⅱ . ①张… ②罗… Ⅲ . ①建筑风格－世
界－普及读物 Ⅳ . ① TU-861

中国版本图书馆 CIP 数据核字 (2013) 第 287975 号

图书策划 李 昕
责任编辑 郝建良
装帧设计 罗 洪 刘 凛
责任印制 常宁强
出版发行 生活書店出版有限公司
（北京市东城区美术馆东街 22 号）
邮　　编 100010
经　　销 新华书店
印　　刷 北京彩云龙印刷有限公司
版　　次 2015 年 7 月北京第 1 版
2017 年 11 月北京第 3 次印刷
开　　本 720 毫米 ×965 毫米 1/16 印张 14.5
字　　数 60 千字 图 230 幅
印　　数 11,001-14,000 册
定　　价 58.00 元
（印装查询：010-64002717；邮购查询：010-84010542）

Catch your eyes,

Catch your heart,

Catch your mind.

简表

建筑与历史事件

建筑史事件

公元前2686–前2181年为埃及的黄金年代，金字塔为此时期的建筑代表。

狮身人面像一般相信是在法老哈夫拉统治时间（约为公元前2558–前2532年）内建成。

由于雅典卫城在希波战争中被彻底摧毁，现存古址是在雅典全盛时期重建的，修建时间约在公元前447–前405年。

古罗马万神殿始建于公元前25年，但在公元80年被焚毁，现存建筑为公元125年由哈德良所建。

公元532年拜占庭皇帝查士丁尼一世下令建造圣索菲亚大教堂。

古埃及 | 古希腊 | 古罗马 | 拜占庭

世界大事

公元前3100年法老美尼斯统一上下埃及，开创了历三十王朝共两千七百多年的埃及文明。

公元前776年第一次奥林匹克运动会，从此时到马其顿统一希腊之前，称为“古典时期”。

公元前323年马其顿的亚历山大大帝去世，从此时到公元前30年希腊纳入罗马帝国版图，称为“希腊化时期”。

公元前27年元老院授予屋大维“奥古斯都”的尊号。共和国宣告灭亡，罗马进入帝国时代。

公元395年，罗马帝国分裂为东西两部。

公元476年西罗马帝国灭亡，欧洲进入了“黑暗时代”。

1506年圣彼得大教堂开始兴建，历经布拉曼特、拉斐尔、米开朗基罗、贝尔尼尼等名家，为巴洛克时期的代表作。

比萨大教堂建于1153–1278年。

1163年巴黎圣母院开始兴建。

1248年圣母百花大教堂开始兴建。

1721–1725年兴建西班牙阶梯、广场。

法国路易十四于17世纪将凡尔赛宫先后四次扩建。

俄国凯瑟琳宫于1741–1796年开建，历经三位女沙皇。

1905–1907年设计师高迪于西班牙巴塞罗那改建巴特略寓所。

罗马风　哥特　巴洛克　洛可可　18–20世纪建筑

1453年东罗马帝国（拜占庭帝国）被奥斯曼帝国所灭。

16、17世纪是意大利文艺复兴运动最活跃的时期。

1762年俄国的凯瑟琳二世开始长达三十四年的执政期。

1914–1918年第一次世界大战。

1939–1945年第二次世界大战。

前 言

建筑和旅行的对话

旅行者：去欧洲旅行怎么总免不了去看历史文物、著名建筑呢？看那么多房屋，花多眼乱，最后大部分都记不住。

建筑师：有人说，建筑是承载文化的。历史是看不见的，但建筑却是实实在在摆在你眼前，只要好好地认识，仔细欣赏，便可凭建筑而穿越时空，重返现场，体会昔日的风貌。不过，要得到这种体验，是有点窍门的。

旅行者：恐怕要读一大堆书吧？

建筑师：如果人人有时间读大堆书，当然最好！不过，无论你读了多少书，去欧洲而要得到这种穿越时空的体验，简单一点的方法，是先弄清楚历史建筑和建筑历史这两个概念。如果你是去看历史建筑，顾名思义，是看以历史价值为先的建筑物，例如你去波茨坦看签署宣言的宫殿，那么什么形式、风格，都没有它的历史那么重要。

不过，除非你是专门的历史学家，你总不会天天看历史建筑吧？你去旅行，主要是看建筑历史。

旅行者：但是我们不是建筑师。难道我们要带着建筑师去旅行？

建筑师：那当然好，虽然未必做得到。

建筑师：不用担心。你如果明白一点建筑历史的理念，那么你看建筑就不是看热闹，而能够看出门道了。一理通，则百理明，我们应该有一本教人看门道的小书。

于是就有了这本两个人合作的书！

首先你要知道，建筑历史其实反映了人对自己生活空间的许多想法。世界上有那么多种人，大家因应不同的生活方式、不同的地理环境与土地资源等，衍生出来的建筑模式也各种各样。你说多么丰富多彩！

同样，由一个民族、一个地区孕育出来的建筑理念，传播到其他地区，也会因应当地的情况而产生变化。你把握住源头，就可以欣赏它的流变了。

其次你要知道，空间、技术、艺术三者的关系。建筑是空间的艺术，但它依赖于技术来实现。

欧洲的建筑文明可以说是由古埃及开始，而古埃及人对空间的观念，也是慢慢发展的，到新王朝时期，才懂得把空间分割充分应用到生活和宗教功能的建筑上去。你从第一章的三幅埃及壁画就看得出来。以后，因应社会的变化，对空间的功能有新要求，配合技术的新发展、艺术潮流的演变，产生了不同风格的建筑。总之，建筑空间是为功能服务的、建筑结构是要讲技术的、建筑美学也不能脱离艺术品位。看一间建筑，不外空间、结构、艺术这三方面的表现。你不是建筑师，但懂得一点建筑史的道理，就可以从空间的角度，见到人类对理想生活的追求。

最后你要明白，旅游刊物或导游介绍著名建筑的时候，往往用什么巴洛克式、维多利亚式等形容建筑物的设计；其实，与其死记什么什么式，不如明白它的特质（character）。特质的产生是有原因的，明白这些特质和产生的原因，你就能自在地欣赏建筑。我求学期间与一个意大利裔的建筑历史老师有一段对话，大概可说明一二。

问：“教授，听完您讲后现代建筑演进过程，请问对现时流行的所谓新古典建筑style有什么看法？”

答：“我没有什么看法。建筑不是时装，不应该用style来形容它。其实style一词多在英文书中出现，我们多喜欢用character一词来表达建筑的艺术创意。为什么？你自己要下些功夫吧！”

经过多年的思索，我认为character一词可从公元1世纪古罗马建筑师维特鲁威（Vitruvius）的Commodity,Firmness,Delight 三个词来解释。Commodity是指恰当地使用空间，Firmness可诠释为稳固的结构，而Delight 则是令人愉悦的外观；其实就是空间、结构和艺术三结合的意思了。由古埃及的金字塔至18世纪期间，建筑创作大多是朝着这三合一的理念演进。工业革命以后，由于社会急剧转变，新的社会功能要求新的空间，技术进步和新建筑材料如钢铁和钢筋混凝土的出现，彻底改变了砖石结构的限制，结构和艺术的关系渐渐脱离，建筑艺术也就渐渐流为形式。18世纪以后的各种古典复兴建筑便是这个现象的写照了。

明白了道理，也要在实例上练习一下。为了让你增加欣赏著名建筑的乐趣，本书的各章选择了一些该时期的建筑代表作，扼要地说明该风格形成的历史背景、原因和基本特色，这些建筑物都位处旅游热点。每章另举了一些该风格的建筑物，也不难去到，你有机会去时，可以试试身手。

期待你到欧美旅游时，看到一些类似但又不尽相同的建筑作品，能够领悟到它们背后的历史文化和潜藏的现代意义。从此不再觉得，看那么多房屋会花多眼乱，最后大部分都记不住。

目 录

1 古埃及

Ancient Egypt

埃及是世界四大文明古国之一，古埃及文明的早慧，给我们奠定了重要基础。

到埃及观光，走马看花地看看金字塔、帝王谷、神殿等建筑物，泛舟尼罗河上浏览一下两岸风光，听听导游简括的介绍；这样的旅游埃及，虽不至是入了宝山空手而回，但最多也只能算是捡了几颗石头而已。

埃及既然被誉为世界四大文明古国之一、西方文化的发祥地，自然有它历史上灿烂的一页。埃及的辉煌岁月可追溯到公元前3100年法老美尼斯（Menes）统一上下埃及开始，历三十王朝共两千七百多年，现存的金字塔、石窟王陵、神殿等多是那时期的建筑。期间第十八至二十王朝（公元前1567–前1069年），也就是约相当于中国的商代，是埃及的黄金年代。或许自然规律，物极必反，光辉过后，不免命蹇时乖，埃及亦不例外。自二十一王朝（公元前1085年）以后，也就是中国的商末周初，埃及群雄割据，国土分裂，社会分化，引来群邻窥伺，外族入侵，王朝每况愈下，到了公元前332年便一蹶不振了。此后两千多年，更是受不同的外来者统治，不断受外来文化的冲击，原来的文明终于湮没。

·拿破仑与埃及·

法国拿破仑于1798年占领埃及后，到开罗近郊吉萨（GIZA）地区巡视，惊叹金字塔的雄伟，对埃及的古文明产生兴趣。由于缺乏有关参考书籍，便命随军的历史学家、天文学家、建筑师、工程师、数学家、化学家、矿物学家、艺术家、诗人等百余人组成专责团队，到埃及各地研究古文物，同时尽量搜集资料。翌年，法国被英国击退，遂把所有数据带回法国，汇集所有成果，编撰成《埃及纪述》（DESCRIPTION DE L' EGYPTE）一书，引发了日后研究古埃及文明的热潮。

·罗塞塔碑——开启古文明之匙·

在拿破仑占领埃及期间，一个士兵在尼罗河三角洲城市罗塞塔（ROSETTA，现称希拉德RASHID）的古城墙上，发现公元前205年法老托勒密五世（PTOLEMY V）登基公告的碑石，碑文以古埃及象形文字（EGYPTIAN HIEROGLYPHS）、世俗文字（DEMOTIC）和古希腊文刻录。当年古埃及文已经失传，对认识古文明造成很大阻碍，但碑上的古希腊文提供了契机，打开了研究古埃及文明之门。

不料天意弄人，到了18世纪末，又一个入侵者——法国的拿破仑带着军队和知识分子同来，揭开欧洲人研读埃及古文明的序幕，消失了两三千年的文化瑰宝才得以渐渐为世人再重视。

·信不信由你·

由于古埃及的史籍不多，古希腊历史学家希罗多德（HERODOTUS）的《历史》成了重要的研究古籍。书中细致描述了当时埃及的社会状态、风俗习惯。例如，“上市场买卖的都是妇女，男子则坐在家里纺织；妇女用肩挑东西，男子则用头顶着东西；妇女站着小便，男子却蹲着小便”等，今天来说，都是不可思议的风俗习惯，但书中的记载是不是完全正确，还有争议。

金字塔

金字塔是世界七大奇迹之首，慕名来游览的人多不胜数。大家感叹金字塔里的法老的丰功伟绩，它的通道多么深、墓室多么隐蔽、结构多么严谨、工程多么浩大。

但是，单从建筑的角度来看，金字塔不过是一个简单的四方锥体。除了巨大雄伟，有什么看头？

如果能够怀着景仰之心来欣赏，那就另作别论了。景仰什么？是古埃及文明的早慧和它给我们奠定的重要基础。

原来早于公元前两三千年，也就是中国黄帝到夏商时代，埃及人便掌握了一些复杂的数学计算方法。莱茵特纸莎草书（Rhind Papyrus）清楚地记录了三角形的三边关系，

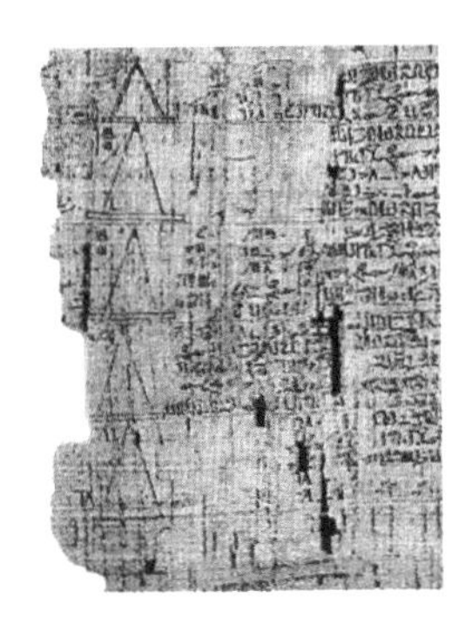

∴ 莫斯科纸莎草书（部分），现藏于莫斯科美术馆。

∵ 莱茵特纸莎草书（部分），现藏于英国博物馆。

∴ 梯级金字塔

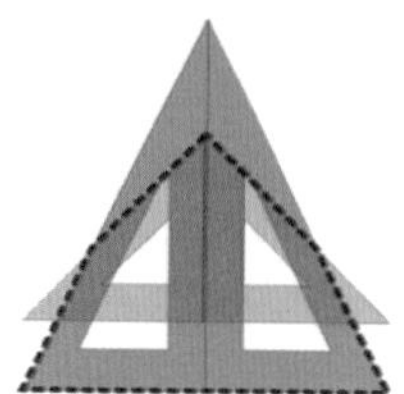

∴ 折角金字塔与现代绘图三角板的关系

∴ 真金字塔与现代绘图三角板的关系

比中国的勾股定理早一千多年；莫斯科的纸莎草书（Moscow Mathematical Papyrus）更列出了四方锥体的计算方式。

金字塔这个简单四方锥体，便是这些古文明的活化石。你看它跟今天建筑师的基本工具——三角板，结构上何其相似。而古埃及人没有三角板，就已经做到接近最稳定的45度的金字塔。它印证了埃及人当时已经可以把理论付诸实践。

古埃及的数学、物理成就，为应用科学奠定了坚实的基础。因此，说古埃及文明是现代文明的根源，并不为过。单是金字塔的演进过程，古埃及人便掌握了不少建筑上的基本数理观念。今天我们的美学理念、艺术创作、生活空间等，不还是与简洁的几何息息相关吗？

今天我们享受现代文明，能不抱着景仰之心来欣赏眼前的简单四方锥体？

∴ 四方锥体的现代应用模式一：法国巴黎卢浮宫博物馆。金字塔是建筑文明最原始的符号，卢浮宫则是划时代建筑，一古一今，对比强烈，象征文化的累积和沉淀。

∵ 四方锥体的现代应用模式二：香港红磡体育馆，倒立金字塔造型。

∵ 现代建筑几何造型的典范：美国纽约古根海姆博物馆。

石窟王陵

到帝王谷游览石窟王陵，乐趣之一，是透过墓里的壁画，了解古埃及的政治、经济、信仰、风俗、生活。听完故事，再细心留意，原来还可以认识他们艺术上的空间概念、表达手法。

空间概念的发展

组合两个图像，可以成为一幅会说事的图画；组合两幅图画，或把它们顺序放在一起，更可传递动态的讯息；将许许多多图画用更复杂的方法组织起来，甚至可以告诉观众一个完整的故事。这些观念是人类逐步发展出来的。

王朝时期之前（Predynastic Period），就是七千到五千年前，古埃及人的空间组织理念仍未形成。一幅在阿斯旺省（Aswan）艾哈迈尔（Al-Kon Al-Ahmar）地区不知名墓穴的壁画，所显示的空间使用概念和远古人类生活在没有功能分割的洞穴十分相似。

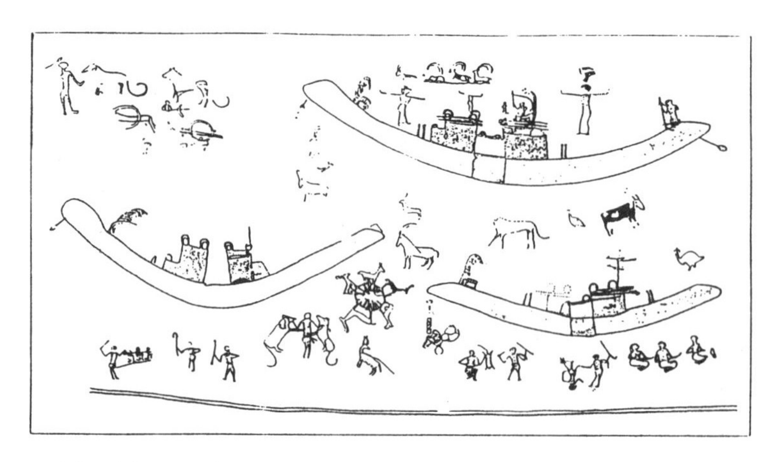

∴ 艾哈迈尔墓穴壁画线图，以三艘船为主体，其他次要图像则随意摆放，互不相干，令人不易理解壁画内容。

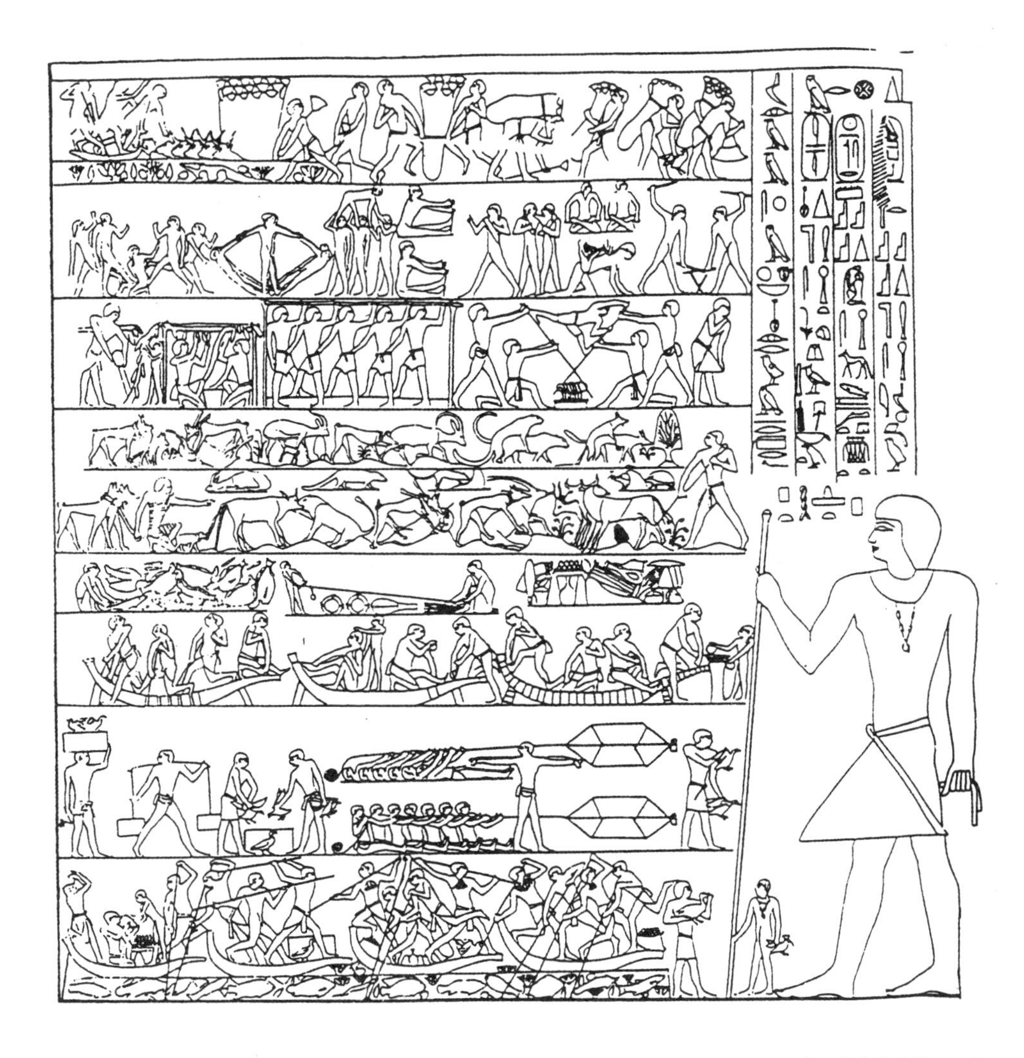

∴ 普塔霍特普墓穴壁画线图，普塔霍特普是第五王朝首相。此画左面以基线将图像分为七个版面，显示当年在首相监理下，埃及人的七种日常生活方式；右面首相肖像上部的文字说明他的官阶和权力。

到了古王国时期（公元前2686–前2181年），约当中国的五帝时期，埃及人已懂得空间分割的道理。他们利用基线，把较复杂的空间和事物组织起来。基线把复杂的内容分割为若干版面，把相关的图像放在同一个版面，加上文字说明，便可以清楚地表达壁画的主题。

新王朝时期（公元前1550–前1079年）的石窟王陵壁画，显示埃及人的空间分割理念又进了一步。代表作是法老拉美西斯六世（Ramesses VI, 公元前1143–前1136年）墓的轮回图（Rebirth of the Sun），图中除横向的基线外，也出现了竖向的分隔线。此外，在内容较复杂的版面又以次基线分隔，附以文字解说。这样，整幅壁画的组织布局就更成熟。

这些理念用到建筑上，便是间墙（基线）、空间（版面）和功能（内容）的平面布局概念。

图像的寓意

人类和其他动物不同的，是有一个富概括力和想象力的大脑，可以把眼前事物用简单的线条勾画出代表性的图像，令人一看便知其意，达到沟通的目的。这便是文明的起点、文化的基因、文字的起源。

∵ 法老拉美西斯六世墓穴的轮回图（部分），显示法老以太阳神的身份在死后12小时复生的过程。每个程序均以横竖线按内容灵活分割为独立而又相互关联的版面。（黑线为作者所加，以显示空间分割的概念。）

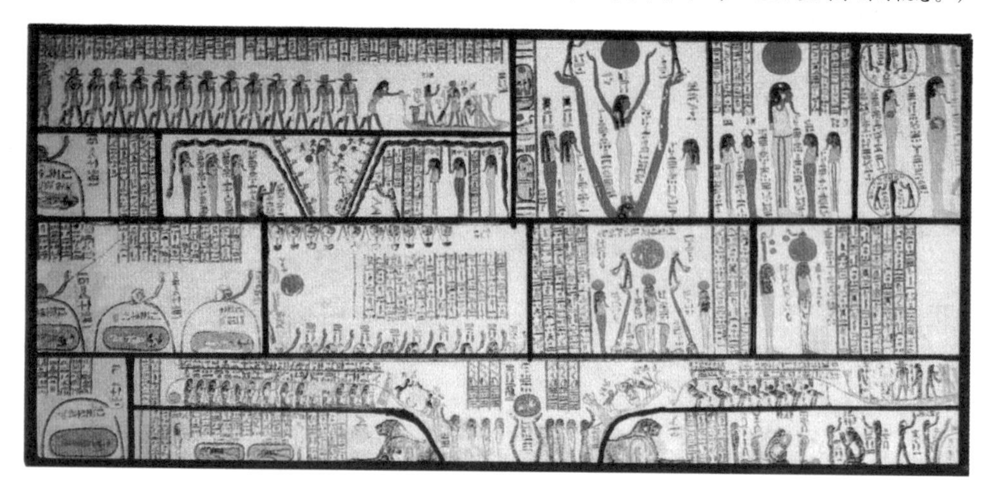

石窟王陵的壁画和浮雕，证明古埃及人在数千年前便掌握了字与画的关系。字与画同体，字中有画，画中有意，而且能够通过象征和比喻等文艺手法，把想象力发挥得淋漓尽致。近代重视功利经济，这些寓文学于艺术的创作理念，在现代主义（modernism）建筑理念中，被速度、效率、新技术、新材料代替了。

20世纪中叶后，后现代主义（post-modernism）又重新在建筑里采用象征和比喻。

游览埃及的神殿之前，不妨先到石窟王陵细心玩味这些古代艺术作品，看看聪明的古埃及人如何把这些艺术理念，通过建筑创作手法，体现在神殿中。

·后现代建筑的寓意·

后现代建筑有很多理念，其中影响较大的，包括重新重视被现代主义建筑忽略的历史文化元素，因此也被称为新的现代古典主义。

美国波特兰的市政府大楼就是典型的例子。它用了很多西方古典建筑的意象，例如柱、柱顶的楔石及托座，建筑分为座、身、顶三段等。这些古典意象被化用为新的建筑符号，隐喻这幢政府大楼的文化内涵和社会功能。此外，建筑师采用的夸张艺术手法，显然受到米开朗基罗等前巴洛克时期人文主义的影响。色彩丰富而有新意，令人印象深刻。整体设计严谨，风格内外一致。

这座大楼的创作理念轰动一时，影响很大。

∴ 图片由Bill Barron提供

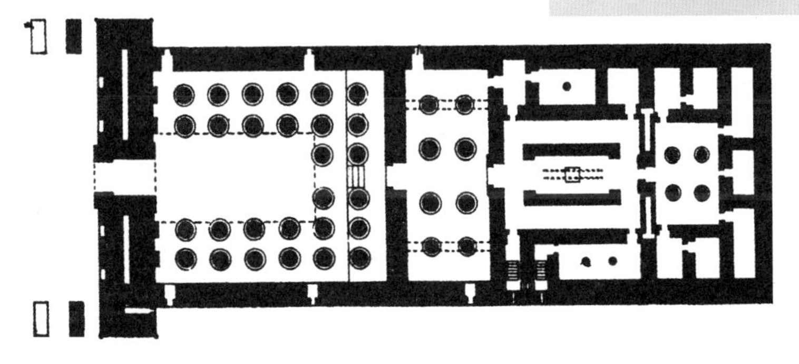

∴ 神殿空间分割示意图

·常见的图像和象征·

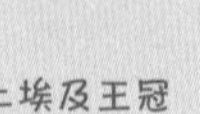
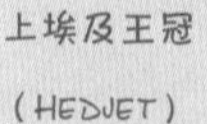
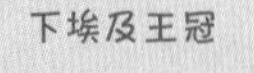
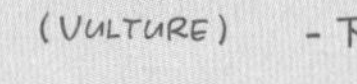

上埃及王冠（HEDJET）- 上埃及王权

下埃及王冠（DESHRET）- 下埃及王权

上下埃及统一王冠（PSHENT）

冥王（ATEF）- 地下判官

钩杆及连枷（FLAIL AND CROOK）- 照顾及惩罚

通往永生之匙（ANKH）

秃鹰（VULTURE）- 上埃及保护神

眼镜蛇 - 下埃及保护神

·古埃及十二主要神祇·

鹰神荷路斯（HORUS）亦称天空之神。法老死后的替身，掌管天上事务。

沙漠之神赛特（SETH）掌管风暴、黑夜。

月亮、魔法、智慧之神透特（THOTH）文学、艺术、天文、历法、数学、建筑等创造者。

尼罗河保护神赫努姆（KHNUM）

母性女神哈托尔（HATHOR）也是音乐之神。富饶、再生和爱的象征。

河神索贝克（SOBEK）凶猛、力量的象征。

鹰神

（HORUS）

- 天空之神、法老的替身

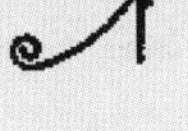

鹰神之眼

（EYE OF HORUS）

- 保护、智慧、健康

睡莲

- 圣洁、重生

（上埃及）

纸莎草花

- 圣洁、重生

（下埃及）

柱子

（DJED）

- 坚固、稳定

鸟

（BA）

- 灵魂

胡子

- 聪明、尊贵、不可被挑战

狒狒

（BABOON）

- 知识、智能

太阳神拉

（RA）

法老保护神。

众神之父阿蒙

（AMUN）

万物创造者。

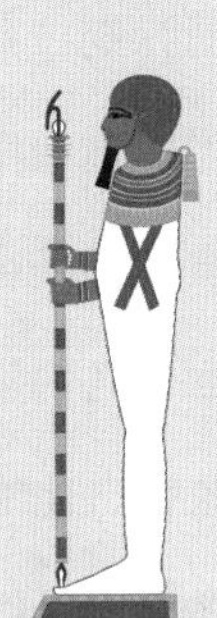

死神普塔

（PTAH）

往生的引路者。

死者保护神

阿努比斯

（ANUBIS）

再生象征。

冥王奥西里斯

（OSIRIS）

地下判官。

掌握所有生命

再生之权。

公正、爱心女神

伊希斯

（ISIS）

孤儿、寡妇、

穷人的保护者。

神 殿

游览神殿的遗迹，别以为只是看到一堆堆残毁的石头；若去过石窟王陵，看过窟内壁画浮雕的图像组织和表达手法，只要稍用想象力，便不难察觉古埃及人很早便能把组织平面艺术的理念，应用在立体的建筑规划中。

神殿的功能可分为祭祀法老、敬神和混合使用三种。无论哪一种，都分为神道、进口、露天庭院、多柱厅（hypostyle）和祭堂（santuary）等几个主要功能区域，数量和面积则按拜祭的需要和目的而定；各区域均以高墙围合，之间只有狭窄的信道，制造空间开合的感觉，各区域并尽量保持独立；区内均以图像、绘画、雕塑装饰，以象征、比喻手法说事。所有功能区域有秩序地以轴线联结，以拼合或层隔方法布局，紧密地合成一个整体。

游神殿，可以领悟到图像和建筑开始了牢不可破的关系。现存最古老的埃及神殿遗址有四千年历史。那时候，中国刚脱离五帝的传说时代，向王朝迈进。

·神殿建筑的寓意：花和柱子·

睡莲和纸莎草花同是圣洁、和谐及重生的象征，也是上埃及和下埃及的标志；柱是支持和稳固的象征。如果柱和睡莲、柱和纸莎草花结合，可以寓意国家和谐稳定，生气勃勃。

∴ 睡莲柱子

∴ 纸莎草花柱子

∴ 乐蜀神道小型石雕神兽式狮身人像排列两旁，远处为进口及方尖碑。

∵ 明十三陵神道两侧风格写实的精美石雕群，有象征墓主生前仪卫和"保护"陵园的意义，因而又称"石仪卫"或"石像生"。

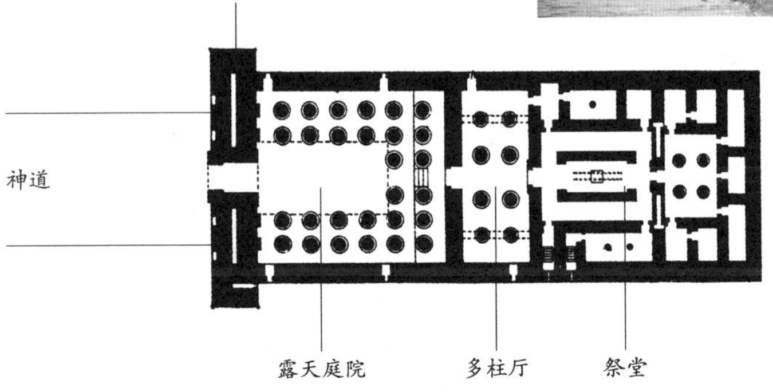

∵ 神殿功能示意图

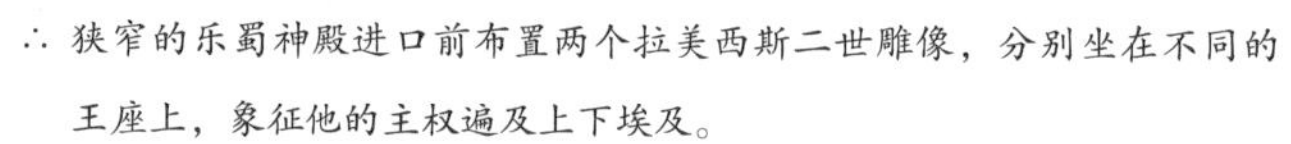

∴ 狭窄的乐蜀神殿进口前布置两个拉美西斯二世雕像，分别坐在不同的王座上，象征他的主权遍及上下埃及。

∵ 埃德夫鹰神殿，中央安放着鹰头人身的荷路斯神像。

∵ 露天庭院，乐蜀神殿的柱顶以纸莎草花蕾装饰。

∴ 多柱厅，卡尔纳克神殿，柱顶雕以盛开的纸莎草花，柱身则以拉美西斯二世拜祭众神的浮雕装饰。

·不对称而平衡——侏儒与妻子·

这件埃及博物馆的藏品，可以见到埃及人怎样采用不对称而达到视觉平衡的手法。

公元前两千多年的古王国时期，法老佩比二世（PEPI II）的侏儒亲信要求雕塑师为他和妻子造像。他身高只有他妻子的一半，当年，艺术讲究对称，这要求可难为雕塑师了。聪明的雕塑师让夫妇二人同坐在石块上，妻子双脚垂下，侏儒盘腿而坐，这样两人头顶高度差不多；为了补救构图上的不对称，雕塑师在侏儒下面的空位加上两个站着的小孩，造成夫妇身高相若的错觉。

对称的本意是造成视觉平衡的效果，这个埃及作品的手法，在现代的建筑平面规划和立体造型方面仍然普遍采用。

方尖碑

古埃及人做梦也想不到，方尖碑对世界有那么大的影响。

这些本来矗立在神殿进口两旁，原意是纪念法老功绩和歌颂神祇功德的建筑物，被入侵者当作战利品移植到外地，成为他人征服埃及的象征。

由于方尖碑建筑造型独特，含义深远，在此后数千年不断被仿造，安放在重要的地点，成为标记，最后提升为建筑理念，以显示建筑物的重要地位，开启了“地标式”建筑的先河。

:· 方尖碑上清晰美观的图形，是象形文字。

∴ 意大利梵蒂冈圣彼得大教堂广场的方尖碑——罗马帝国第三任皇帝卡里古拉于公元37年由埃及运来。

流失各地的埃及方尖碑

国　家	座　数	建造者	现地点
法　国	1	法老拉美西斯二世（Pharaoh Ramses II）	巴黎协和广场（Place de la Concorde, Paris）
以色列	1	不详	凯撒里亚（Caesarea），以色列以西濒海城市，前犹太首都
意大利（11座）	8	法老图特摩斯三世（Tuthmosis III） 塞提一世（Seti I） 拉美西斯二世（Ramses II） 普萨美提克二世（Psammetichus II） 阿普里埃斯（Apries）	罗　马
	1	不详	西西里 卡塔尼里大教堂广场（Piazza del Duomo, Catania）
	1	不详	佛罗伦萨 波波里花园群（Boboli Gardens）
	1	不详	乌尔比诺（Urbino）
波　兰	1	法老拉美西斯二世	波兹南考古博物馆（Poznan Archaeological Museum）
土耳其	1	法老图特摩斯三世	伊斯坦布尔 跑马场（Square of Horses）
英　国（4座）	1	法老图特摩斯三世	伦敦 维多利亚堤岸（Victoria Embankment）
	1	法老阿蒙霍特普二世（Pharaoh Amenhotep II）	杜伦大学东方文化博物馆（Oriental Museum, University of Durham）
	1	法老托勒密九世（Pharaoh Ptolemy IX）	多塞特郡（Dorset）
	1	法老奈科坦尼布二世（Pharaoh Nectanebo II）	伦敦 大英博物馆（British Museum）
美　国	1	法老图特摩斯三世	纽约 中央公园（Central Park）

∵ 左：美国华盛顿独立纪念碑，设计理念来自方尖碑。

∵ 右：香港尖沙咀原火车站钟楼，在火车站拆除时，钟楼以方尖碑理念保留，成为尖沙咀的地标。

狮身人面像

狮身人面像是四王朝法老哈夫拉（Khafre，公元前2558–前2532年）金字塔建筑群的一部分，它匍匐着守护哈夫拉的陵墓，脸朝着太阳升起的方向。

它的原名已不可考，现用的Sphinx一词来自古希腊语，是希腊神话中人头、狮身的勇猛神兽。可是，与金字塔差不多同时的狮身人面像，比古希腊文化进入埃及的年代早了千余年，所以Sphinx不可能是它的原意。

一些埃及学的学者指出，狮身人面像的石块和金字塔内的装饰石块相同，认为是当年的建筑师利用采来余下的石块雕凿而成。但面像究竟是谁？是设计者随意创作，抑或是哈拉夫本人，则无从稽考了。但从当年古埃及人的信仰来推想，法老死后会升为神，而狮子也是太阳神的儿子（Shu）所化身，如果用狮身人面像来比喻法老也是太阳神这位最高神祇的儿子，生前代替天庭来管理世界，死后由儿子继承，也就有了合法依据；若是这样，狮身人面应可解说是君权神授的象征，人面也就可以推断为哈拉夫的肖像。

欣赏这座雄伟雕刻作品之余，勿忘走近它两爪之间，看看那块传说中被风沙埋没千余年，到十八王朝才被法老图特摩斯四世（Tuthomosis IV，公元前1400–前1390 年）发掘出来的碑石，碑石证明他的君权也是神授的。

∴ 君权神授碑石

∴ 狮身人面像

埃及文明的变奏

欣赏过金字塔、石窟王陵、神殿等世界文化遗产，会奇怪地发现，在现存的埃及建筑中很难见到这些古建筑的文化痕迹。

多认识一点埃及的历史，便不难明白其中的原因了。从公元前1000年的第二十一王朝开始（相当于中国周朝初业）至第一次世界大战期间，三千年岁月中，埃及被外来者轮番统治；本土文化不断受不同的外来文化冲击，弱化淡化，到20世纪已被洗刷得一干二净了。不过，原文化在埃及湮没了，但没有消失，反而被移植到外地，在他人的培植下，加入当地的元素，茁壮后重新包装，扣上别人的牌子，当作进口产品回售原地。现在埃及各地的不同风格建筑，无不有古埃及建筑文化的基因。

悬空教堂的故事

文明古国中的古国埃及，被罗马帝国统治时，基督教信仰流行。现在则有很多阿拉伯人，伊斯兰信仰盛行。

现存开罗最古老的基督教堂，叫悬空教堂（Hanging Church, 公元700年），又称圣母玛利亚教堂，或楼梯教堂。原建于古罗马人称埃及巴比伦城堡的古城内，由于城市改造，原古城其他建筑已拆除，只余下这个教堂和所在的地基，该地基比现代的地面为高，教堂有如高悬而建，因此得名。原建筑是典型的罗马基督教堂，其后几经修建；为免张扬，现外观尽量接近简单朴实的民间建筑，常用侧门进出，内部则是华丽的拜占庭装修风格；教堂没有传统的钟楼，钟隐蔽于类似清真寺宣礼塔的小型穹顶塔（cupola）内。

∴ 悬空教堂室内

∵ 悬空教堂外观

阿卜丁皇宫博物馆
(Abdeen Palace Museum，1873)

法国建筑师卢梭(Rousseau)的作品，受当年法国布杂艺术(Ecole des Beaux-Arts)风气的影响，设计显示文艺复兴早期的古典建筑风格。内部由多位设计师负责，呈现不同的装饰风格。这座建筑是埃及历史曾受不同文化冲击和融合的例证，也可算是埃及建筑文化的博物馆。

∵ 皇宫正面外观

∴ 巴洛克风格的露天茶座（Tea Kiosk）

∴ 拜占庭风格的国王私人用厅（The Byzantine Chamber）

∴ 温室与宴会厅之间的艺术装饰风格过道

∴ 洛可可风格的国王寝宫

∵ 伊斯兰风格的大殿（The Throne Hall）

穆罕默德·阿里清真寺
（Muhammad Ali Mosque，1848 年）

穆罕默德·阿里清真寺是典型的拜占庭和伊斯兰建筑文化的混合体，特点是复杂的几何造型。

2 古希腊

Ancient Greek

想要了解古希腊建筑，要由两个元素入手：一是一种叫迈加隆的建筑；二是希腊的气候和柱廊的关系。

讲古希腊文化，不能受今天的观念囿限，以为只是希腊半岛和它的许多海岛上的文化。古希腊文化的地区是以希腊半岛为中心，东到爱琴海——小亚细亚西南的爱琴海沿岸，当时都有希腊移民聚居；西到隔爱奥尼亚海的意大利南部以及西西里岛一带。

希腊半岛上山峦起伏，连绵的山脉分割平原，阻碍陆上交通；幸而曲折的海岸线形成大量港湾，爱琴海和爱奥尼亚海上海岛众多，有利于海外移民和海上贸易。远在古希腊之前，航道已遍及地中海，可到达埃及和地中海最东岸——那是两河流域肥沃新月带的西端。

有人说古希腊文化是在古埃及和古西亚文明基础上孕育出来的，这两大古文明通过爱琴海渐渐进入古希腊人的生活。

古希腊文化以亚历山大东征为界，大致分为古典和希腊化两个时期，在建筑上也有一定的变化。

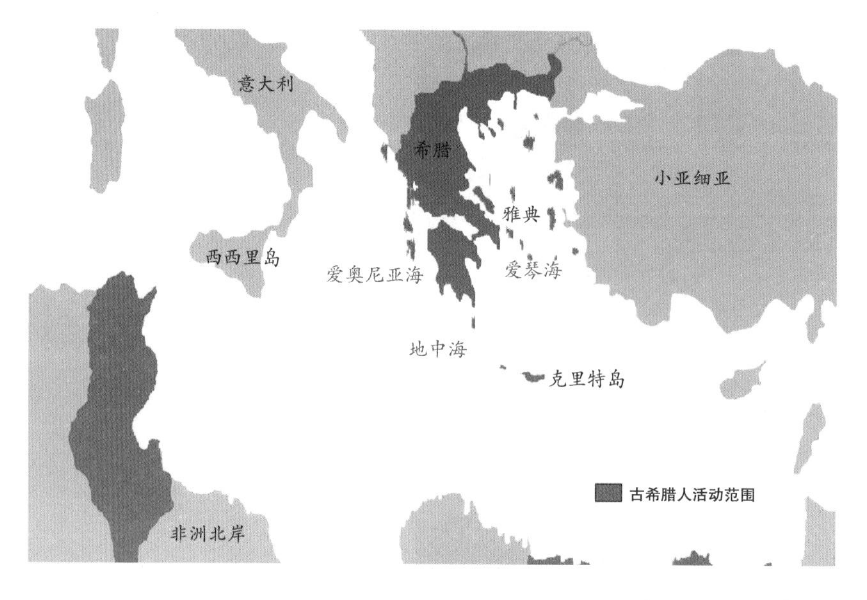

∴ 古希腊人活动范围参考图

了解古希腊建筑要由两个元素入手：一是一种叫迈加隆（Megaron）的建筑（见图）；二是希腊的气候和柱廊的关系。

迈加隆（Megaron）是希腊和小亚细亚很古老的传统建筑生活空间。它是以泥砖围合而成，屋顶搁在墙上，中间用树干承托，这便是承重墙和梁柱结构混合的雏形。古希腊建筑便是在这个传统上发展出来的。迈加隆（Megaron）有开敞的门厅，很适合爱琴海岸的环境。

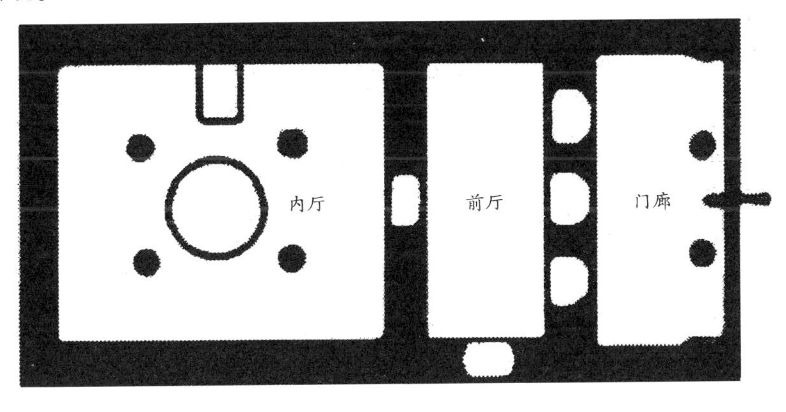

∴ 迈加隆（Megaron）示意图（房间功能是作者的推测）

由于地中海地区夏日长，阳光充沛，气候宜人，希腊人喜爱户外生活，因此，希腊建筑物多设有门厅、前厅和内厅等。柱子组成的廊在希腊建筑里因此特别重要。

希腊的神庙便是在这些传统上按所需的内涵，以不同形制的柱廊和装饰来表达。随着技术的进步，建筑形制更加丰富，满足多样的功能。又由于当地石材丰富，公元前8世纪后便以石材代替了木梁

·古希腊时期·

·古典时期

公元前776年第一次古代奥林匹克运动会开始，至马其顿统一希腊。

·希腊化时期

公元前323年马其顿的亚历山大大帝去世，至公元前30年希腊纳入罗马帝国版图。

柱。希腊不但有建筑物本身的规划，从雅典卫城可见，已开始讲究城市布局，有城市规划的元素。

看懂希腊的柱

古希腊建筑重视柱。

一条柱的样子，叫作柱式；建筑物的柱的数目，与建筑物的大小有关，叫作柱制；柱的位置，跟神殿的关系，有一定的规则，可以叫作形制。

有人认为古希腊建筑像复制品，既简单又相似，变化不大。若真是这样，就不会有“西方建筑文化一半是来自古希腊”之说，且千百年来，影响不断。

事实上，希腊古建筑以神庙为主，单从神庙前的柱子数量来说，便有11种柱制；从平面上看，内外柱和神殿之间的关系，则有8种基本形制；这样两者相互搭配，便可产生88种组合，以符合不同的用途。这样多的组合，再配上不同样子的柱，变化就更多。艺术手法如此丰富，足以充分表达建筑物的设计含义。

旅游者看希腊古建筑，不妨先认识该建筑物的历史背景，再在现场寻找原来形制的痕迹，尝试猜想它的建筑意义。这样不但可丰富旅游的乐趣，对古希腊人的智慧和艺术亦会有更深切的认识。

柱式：柱的样子

古希腊的柱随着历史和技术的发展、审美观的转变，创造了千姿百态的组合。古希腊的柱主要有三种形式：多立克、爱奥尼亚和科林斯，我们称为柱式。

柱式是由柱础、柱身、柱头和横楣（entablature）按一定尺寸比例组成。古希腊的横楣又分为上楣（cornice）、中楣（frieze）和底楣（architrave）三部分。不同的柱式，构件的比例有别，配上的装饰元素也不同。

由于柱式源于远古的木结构建筑，虽然希腊已以石代替木，但在石柱上，仍可以察觉到木结构的影子。

希腊三大柱式中，多立克式、爱奥尼亚式出现较早，分别流行于希腊半岛内陆地区和爱琴海沿岸。科林斯式出现较晚（公元前5世纪），少见于古典时期，但在希腊化时期却流行于整个地区，并渐渐取代多立克式。

三种柱式的结构虽然相似，但比例、艺术手法和含义非常不同。公元前1世纪罗马建筑史学者维特鲁威（Vitruvius）形容多立克式如体态雄伟的男性，爱奥尼亚式如女性的优美身段，而科林斯式则有如身材苗条、喜爱打扮的少女。

柱制和形制：柱的数目和分布

柱的数量叫作柱制。希腊建筑物的柱制，由单柱到十二柱，各有专名，中间只有十一柱是史书上没有记载的。这柱制有点像中国建筑的多少开间的观念。只是希腊计算柱的数目，叫作多少柱；中国计算柱与柱（或柱与外墙）之间的数目，叫作多少开间。

建筑物大，就需要更多柱，或者更多开间。中国的开间既讲宽度（面宽），也讲深度（进深）。希腊的柱制跟中国的开间制度一样，主要是讲宽度，但也可以讲深度。原则上，供奉的神越重要，神庙的柱就越多，庙就越大。

柱的分布有八种制式，也是各有专名。但总而言之，可以分成门廊式和游廊式两种，也就是柱子都在门廊位置的，或者围绕四周，有点像广东的走马骑楼的。然后游廊

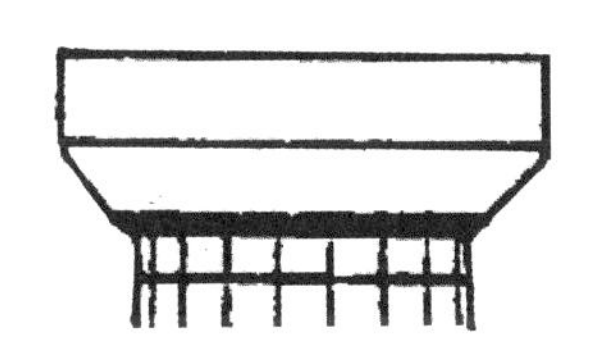

∴ 希腊柱头样式图

式的柱，又有独立为柱，以及柱之间有墙的两种。一般来说，门廊式的柱较少，在六柱或以下。六柱以上的，多是游廊式的，建筑物较大。

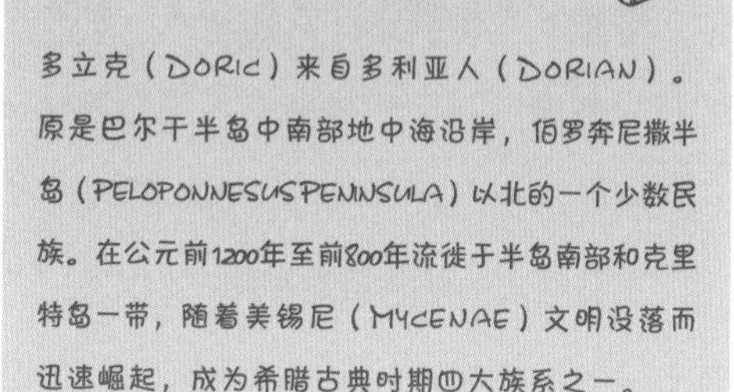

·多立克的得名·

多立克（DORIC）来自多利亚人（DORIAN）。原是巴尔干半岛中南部地中海沿岸，伯罗奔尼撒半岛（PELOPONNESUSPENINSULA）以北的一个少数民族。在公元前1200年至前800年流徙于半岛南部和克里特岛一带，随着美锡尼（MYCENAE）文明没落而迅速崛起，成为希腊古典时期四大族系之一。

希腊三种基本柱式

多立克柱式

·没有柱础，柱身直接坐落在台基上。

·柱身有如树干，看来比较粗壮。上部略小，微呈锥状；柱身中部微微隆起，上面有16至20个凹槽。古典时期，高度（包括柱头）约为直径的4至6倍；希腊化时期是7.25倍。

·柱头由四方石和锥状圆盘石组成，倒装在柱身上。

·横楣高度在古典时期约为柱身的1/2，希腊化时期大多改为1/3。

·**上楣**：是屋顶的垫石。主要功能是把屋顶的重量分布到横楣上，同时也防止雨水流下弄污中楣的装饰。高度约占横楣的1/10。

·**中楣**：是横楣的主要装饰部分，有

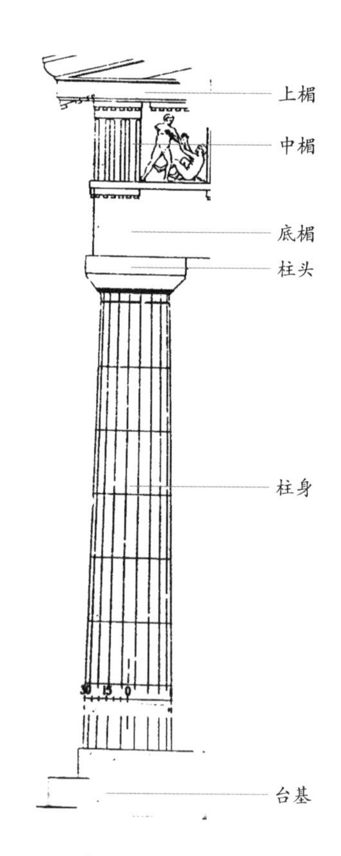

∴ 多立克柱示意图

·爱奥尼亚的得名·

爱奥尼亚（IONIC）是地名，主要指爱琴海东部的小亚细亚西南，史称爱奥尼亚地区，是古希腊哲学、政治、文学、艺术的发祥地。著名人物包括：思想家米利都的泰利斯（THALES OF MILETUS），阿勃德拉的普罗泰戈拉（PROTAGORAS OF ABDERA），以及被誉为"历史之父"的希罗多德（HERODOTUS）等。

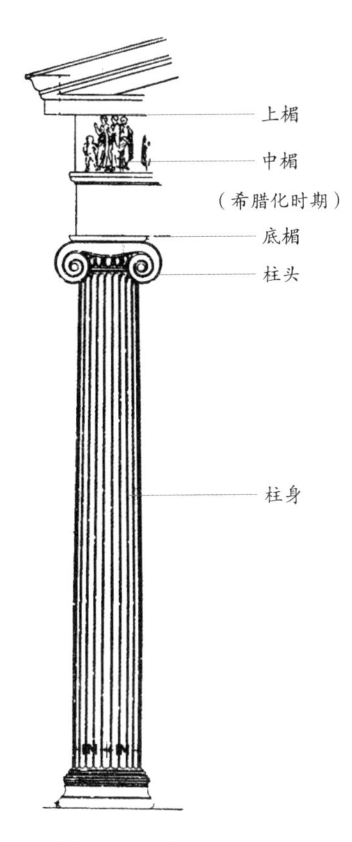

∴ 爱奥尼亚柱示意图

长方形的四竖线图饰（triglyphs）和浮雕（metopes）。高度约为横楣的2/5。

·**底楣**：是主要的横向承重构件，表面看是一块大石，其实由3至4块石块竖立组成，没有装饰。高度与中楣相若。

爱奥尼亚式

·柱础由两层不同形状的圆盘石组成。希腊化时期出现方形柱础。

·柱身形态和多立克式相似，但高度（包括柱础及柱头）则约达下部直径的9倍。柱身凹槽24至48个，以24个为多。

·柱头造型是爱奥尼亚式的最大特色。对它的来源，说法不一，有说灵感来自爱琴海以东沿岸的卷叶式植物、埃及的睡莲、绵羊的角或古代的书轴。

·横楣高度为柱身的1/4。早期没有中楣，亦不带装饰。中楣在希腊化时期才出现。

科林斯式

・由爱奥尼亚柱改进而来。比例更纤秀，装饰更丰富。高度约为柱身直径的10倍。

・分裸身和带凹槽两种。

・柱础较矮，但变化更多。

・柱头以老鼠簕（acanthus）的叶子造型，工艺复杂而精巧。高度约为柱身的1/8。

・此柱式在希腊化时期才普遍采用，横楣也分三段，和同期爱奥尼亚的三段式相若，但比例更细致，装饰变化较多。

・科林斯的得名・

科林斯（CORINTH）是古希腊地区的小邦国，约在今雅典以西，伯罗奔尼撒半岛（PELOPONNESUS PENINSULA）东北之间的狭长地带。相传公元前5世纪，一个名为卡利马库斯（CALLIMACHUS）的工匠到坟地拜祭先人，在一个女性坟前看到一个盛有祭品的竹筐，上盖石块作保护，筐下长了老鼠簕，但受到石块的限制，茎叶只能随着筐体向外蜿蜒，形态很美。工匠灵机一动，把这形态创造为柱头装饰，因以为名。

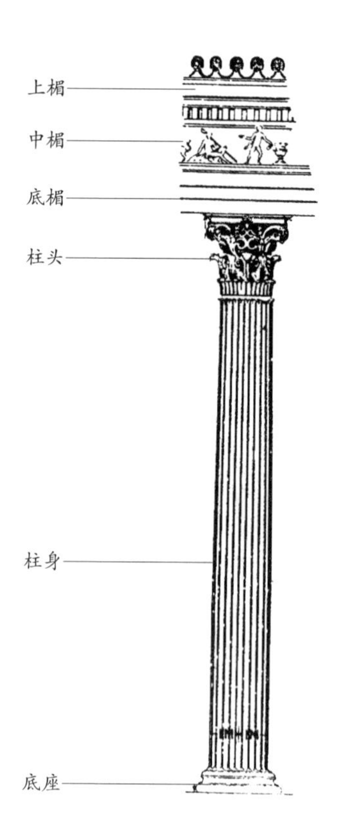

∴ 科林斯柱示意图

十一种柱制

∴ 单柱（Henostyle）

∴ 双柱（Distyle）

∴ 三柱（Tristyle）

∴ 四柱（Tetrastyle）

∴ 五柱（Pentastyle）

∴ 六柱（Hexastyle）

∴ 七柱（Heptastyle）

∴ 八柱（Octastyle）

∴ 九柱（Enneastyle）

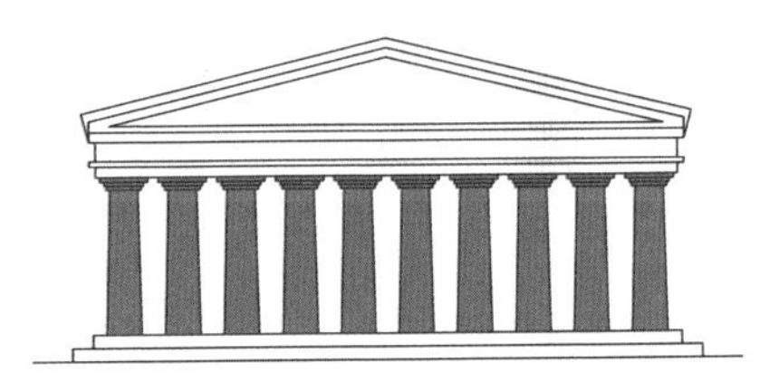

∴ 十柱（Decastyle）

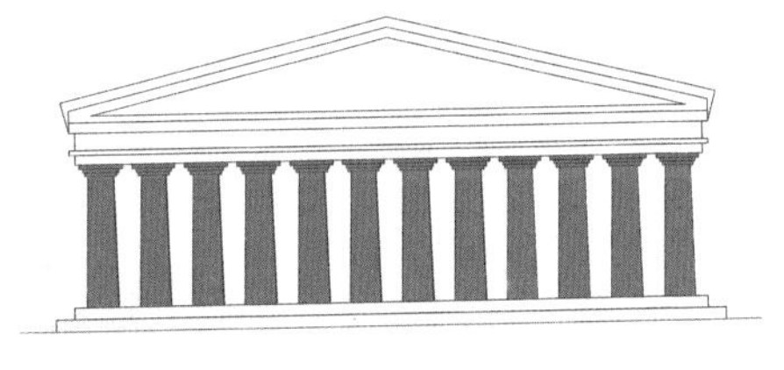

∴ 十二柱（Dodecastyle）

八种形制

门廊式

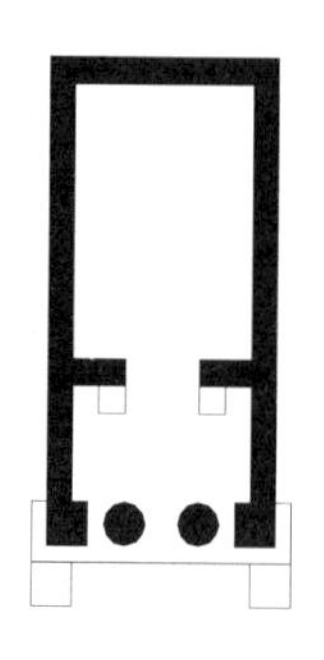

∵ 嵌壁式
（Antis）
由一到四根柱子
组成的门廊

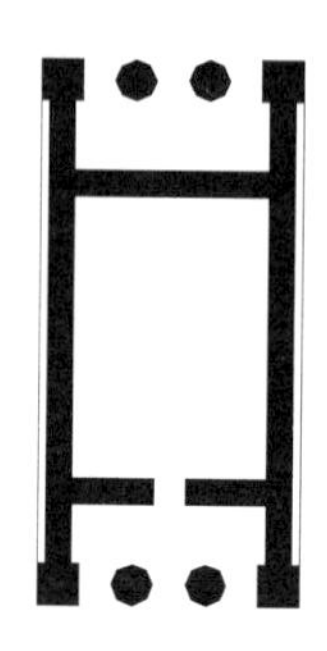

∵ 前后嵌壁式
（Amphi–antis）
同嵌壁式，但建筑
物前后均设门廊

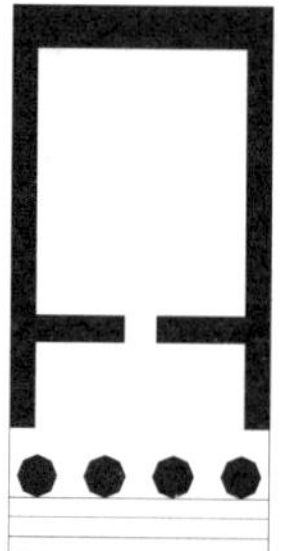

∵ 前柱式
（Prostyle）
神殿前置独立
门廊

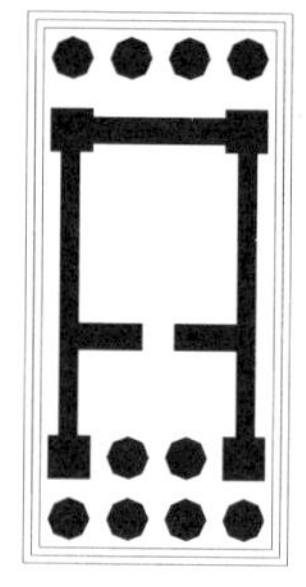

∵ 前后柱廊式
（Amphi–prostyle）
同前柱式，但前后
均设门廊

游廊式

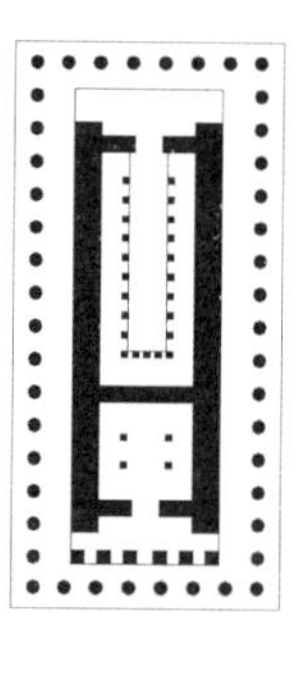

∵ 外柱环绕式
（Peripteral）
神殿四周均以
柱围绕

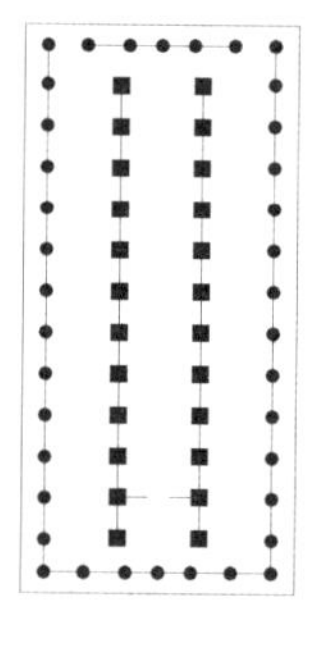

∵ 半柱围合式
（Pseudo–peripteral）
同外柱环绕式，但柱
之间有墙

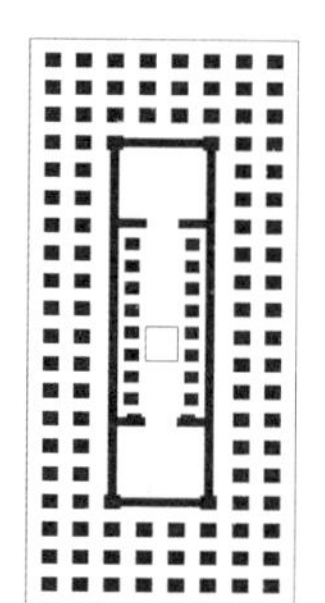

∵ 双外柱式
（Dipteral）
神殿四周以重
柱围绕

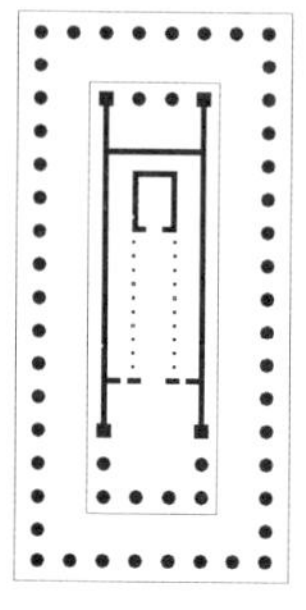

∵ 假双外柱式
（Pseudo–dipteral）
同双外柱式，但省
去神殿两侧内排

名作分析

卫城
Acropolis

希腊·雅典

∵ 卫城全景

在古希腊之前，当地的部落均在地势较高的地方，划出一块地作公共用途。内盖一座主要神庙、一两座次要的神庙、纪念和祭奠城邦英雄的设施、储存祭品和公共财富的仓库，以及足够容纳公共集会、宗教崇拜或是在战乱时保护城邦公民的广场。雅典卫城便是一个最佳例子。

卫城早于公元前600年以前便建筑在雅典城邦心脏地区一个150米高的山岗上，但在公元前480年希腊波斯战争中被彻底摧毁，现存的是希腊胜利后，于公元前447–前405年期间，雅典人为了彰显自己的政治、军事、经济、社会成就而重新兴建的，是认识古希腊时期建筑文化最佳的例子。可惜在漫长的岁月中，先后受到马其顿帝国、罗马帝国、拜占庭帝国、奥斯曼帝国及威尼斯人的冲击，主权多次易手，城内设施不断破坏或修建为基督教堂、清真寺等。今天的卫城是历尽沧桑后的模样。

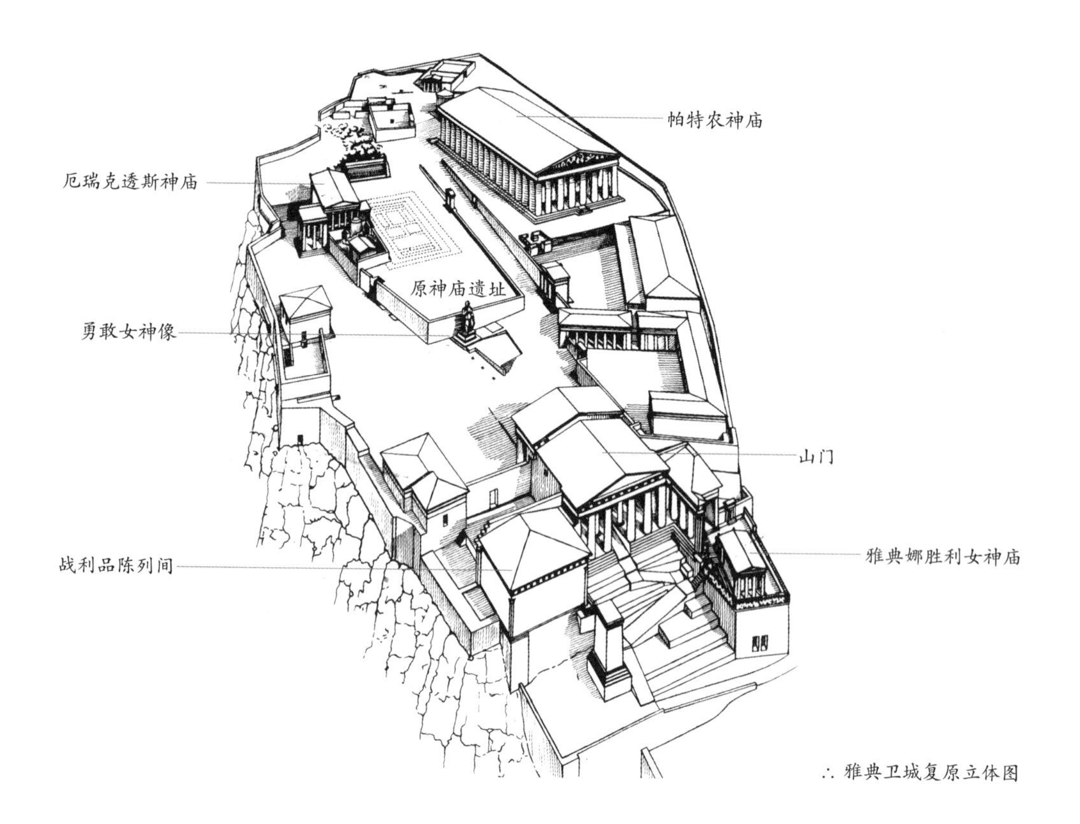

∴ 雅典卫城复原立体图

∴ 山门

山 门（Propylaea）

卫城平面呈不规则椭圆形；山门设在西端，由多组不同大小、高矮而又陡峭的台阶因地制宜组成，以高墙围合，形成进口前庭，对来犯者来说，易守难攻，是卫城最主要的防御工事。

山门是在伯里克利（Pericles）执政期间，于公元前437–前432年间兴建，是建筑师穆尼西克里（Mnesicles）的创作。坐东向西，是门厅式建筑。布局上，后靠保护阿提卡（Attica）平原的山脉；朝着萨拉米斯岛（Salamis Island） 附近水域的萨罗尼克海湾（Saronic Gulf），那是公元前490–前480年希波战争中，雅典击败波斯的地方。建筑方面，前后廊均采用多立克柱，主通道则以爱奥尼亚柱分割，证明这时期的建筑师已摆脱了固守单一规制的传统；山门两旁以石块叠成高台，一边是陈列战利品的建筑，另一边是胜利女神庙。

雅典娜胜利女神庙（Temple of Athena Nike）

胜利女神庙是希腊传统建筑的样本。

它矗立在山门南边的高台上，俯视战胜波斯的萨拉米之役的古战场。从希腊人布置山门及女神庙的位置来看，可见早于公元前数百年，他们已明白建筑布局可以带有象征意义。

∴ 雅典娜胜利女神庙

神庙是大理石建筑，面积不大，约45平方米（5.5米x8.3米），却是希腊古典时期四柱制、前后柱廊（amphi-prostyle）的标准。它前后均由四条爱奥尼亚柱支撑，直径0.54米、高4.1米。神殿则三面由石墙围拢，整座建筑坐落在三台阶式的底座上。原建筑由建筑师卡里克利特（Callicrates）于公元前427年兴建，工艺精美，柱头、中楣及围栏均有浮雕和雕塑；1687年土耳其人入侵时被摧毁，现在看到的是1836年在原址重建的样子。

厄瑞克透斯神庙（Erechtheion）

这是一个脱离传统的作品。

穿过山门，可以见到经过两千多年时间和多次战役的洗礼，卫城原来的建设基本上都毁了，可幸在一片颓垣败瓦之中，还留下了帕特农（the Parthenon）和厄瑞克透斯神庙的古迹。

在希腊古典时期留下来的众多建筑遗产里，厄瑞克透斯神庙很能代表古希腊人的建筑思想和美学观念。

∵ 厄瑞克透斯神庙

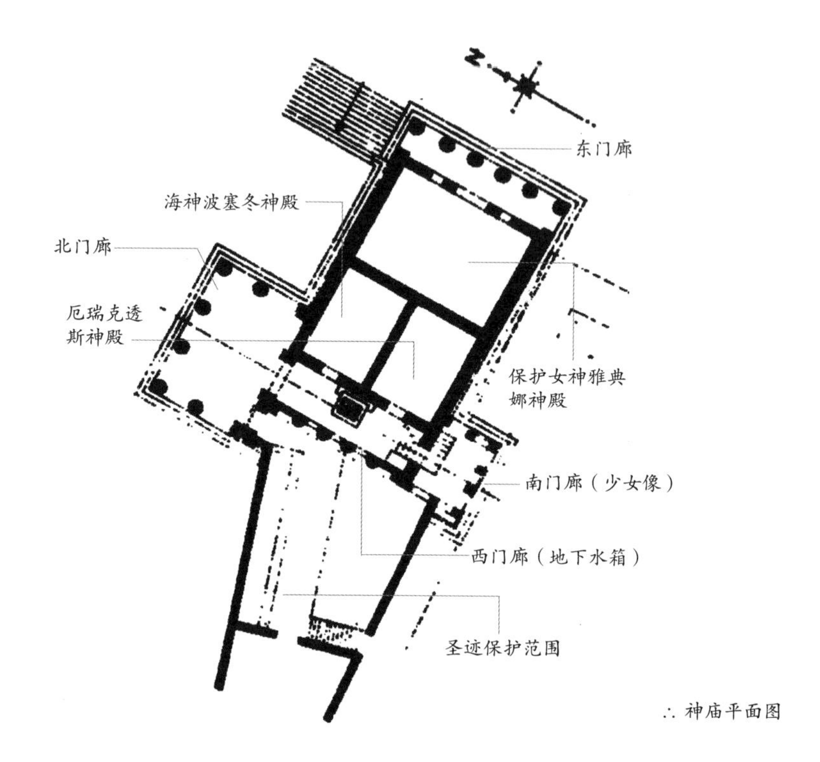

∴ 神庙平面图

它和山门都是由同一个建筑师设计的，规模不大，面积约268平方米，分为东西两间。东间供奉保护女神雅典娜（Athena Polias），西间则是她的儿子，相传是雅典人的英雄、“雅典之父”厄瑞克透斯（Erechtheus）的祭殿和神龛。重建这神庙时，雅典人避免建在遗址上，同时避开了传说的雅典娜和海神比试神力、竞争雅典保护权的神迹位置。新建筑布置在较北且高低不平的石坡上，因而东间和西间的高低差达3米。整幢建筑以爱奥尼亚式兴建，东间的门廊是六柱制；西间则设有门厅，门厅内设有海神波塞冬（Poseidon）的水箱，象征雅典和海神能够和谐相处。南北两侧设有门廊，同是四柱制。从选址、布局到造型，反映出建筑师非但没有墨守当年的建筑成规，反而能够在严谨的制度下，因地制宜地建造。其中最值得欣赏的是南门廊的造型，建筑师把原来应作爱奥尼亚柱式的四柱连侧边两条柱，转化为六个穿袍服少女的雕像，头顶着沉重的屋顶，微微提起一只脚（三个提左脚、三个提右脚），显示把重心放在另一只脚上，但体态自如，毫不费力似的，可说是“女性能顶半边天”的写照。这样的艺术手法，在两千年后意大利文艺复兴的前巴洛克时期才被米开朗基罗等再次采用。虽然原件已在大英博物馆，但到访现场者仍不应错过。

∵ 南门廊的少女像

帕特农神庙（The Parthenon,公元前447—前432 年）

离山门约100米处，与厄瑞克透斯神庙相对的，便是著名的帕特农神庙。千百年来，它和卫城的其他建筑都是欧洲各地建筑师、雕塑师、艺术家、历史学者等研究希腊古典文化艺术的主要材料。虽然神庙已经残缺不堪，但从剩下的颓垣残柱中，仍依稀可想象到当年建筑的雄伟。

原神庙在希波战争中被毁，现神庙兴建于伯里克利领导雅典的黄金年代，是建筑师伊克梯诺（Ictinus）、卡里克利特（Callirates）和雕塑家菲迪亚斯（Pheidias）的作品。采用的是经典的多立克式八柱制，宽约31米。

平面长方形，长69.5米，宽30.9米，长宽比例为9:4；而宽和高（柱加横楣的高度）也是9:4的比例。据说神庙原来存在不少同样比例的设计构件，这大概也说明了古雅典人的审美观，大家不妨留心观察，看看有什么发现。此外，大家不妨留意一下这个雅典人重视的神秘比例，在今天的汽车、手机等日常用品中，是不是还用得上。

神庙采用外柱环绕式（Peripteral），四周由46根高达10.7米的多立克柱组成。柱呈圆锥状，上部收窄，中部微微隆起。柱顶稍向内倾斜，令人觉得柱子正在抵抗压力的样子，这便是“静中带动” 的美学概念。四角的角柱略大，这是为了矫正因为柱子背光引起的视觉偏差而设计的。

∵ 帕特农神庙外观

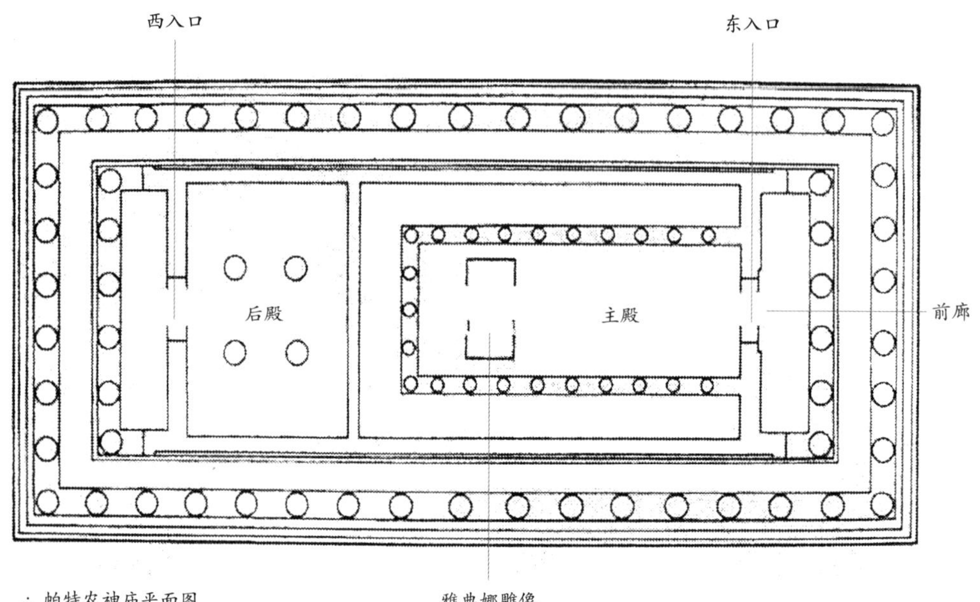

∴ 帕特农神庙平面图

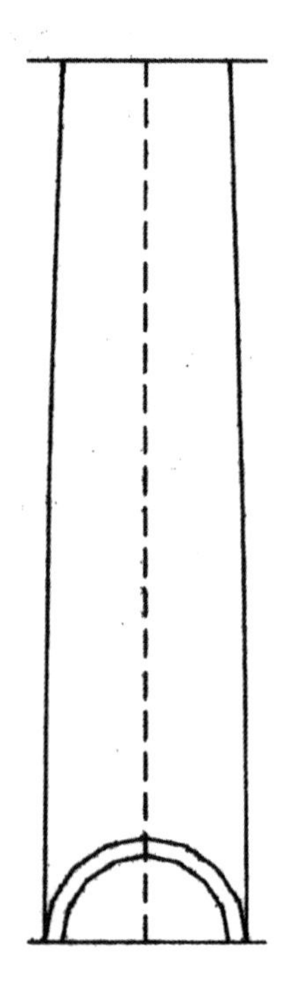

∴ “静中带动”的柱

设计者感到，水平的横向构件的中部会有微微下坠的感觉，为了让神庙看起来是水平的，神庙的台阶和横楣的中部都微微隆起。难怪有人说整幢神庙是没有一条直线的。

上述这些从传统提炼出来的设计概念，反映出当时雅典人是从人文的角度去理解建筑和大自然的关系的。

神庙按照古制，殿堂分成东西两间，东间是主殿，西间是后殿（opisthodomos），以1.2米厚石墙包拢，与外廊之间留有游廊（ambulatory）。主殿供奉雅典娜

（Athena Pantheons），因此帕特农（The Parthenon）其实是雅典娜之庙的意思。主殿由东面6根多立克柱组成的前廊（pronaos）进入，长方形的主殿内由24根较小的多立克再分割成主、侧和后三部分。殿内的神座上，原来有总高约12.8米的雅典娜雕像，戴帽盔，穿护袍，右手执战矛和护盾，左手托着胜利之翼；神像以实木雕成，镀金，镶象牙，是菲迪亚斯的作品。雕像由若干部分组合而成，方便拆卸、迁移和重装。可惜该神像在多次战乱、雅典主权易主后，不知所踪。

西间的后殿由后廊进入。进深为主殿的一半，屋顶木结构由4根爱奥尼亚柱承托。据古籍记载，这里是城邦储存公共财富的地方。

本来游廊上的天花、柱头、中楣及金字顶两侧的山墙等满布浮雕，都是希腊古典时期的艺术杰作，不幸已残缺无存，只剩下难于辨识的痕迹。要欣赏留下来的一鳞半爪，只能到大英博物馆和卢浮宫博物馆了。

∵ 神殿视觉效果

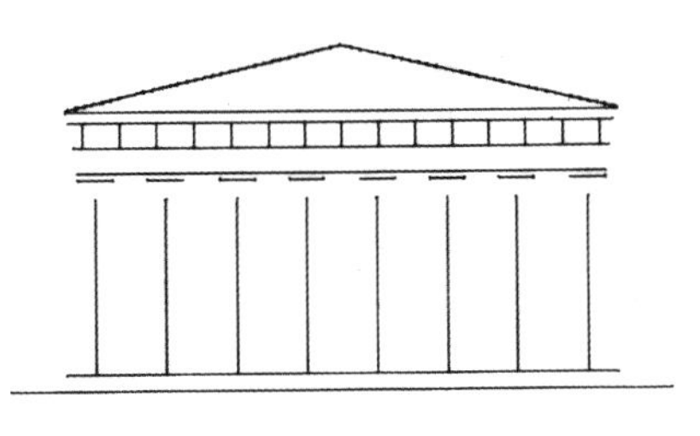

水平状态

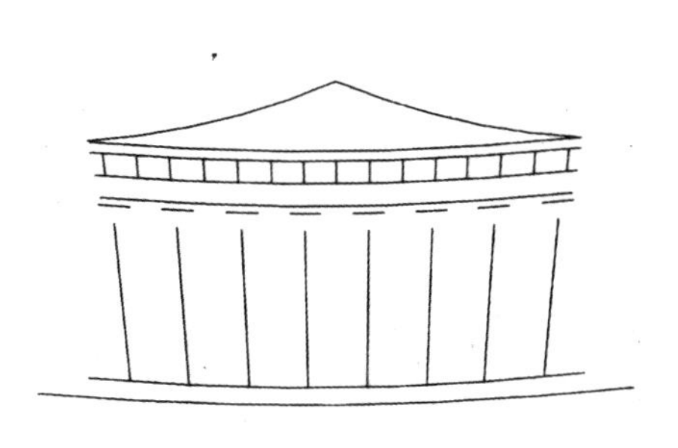

下坠感觉

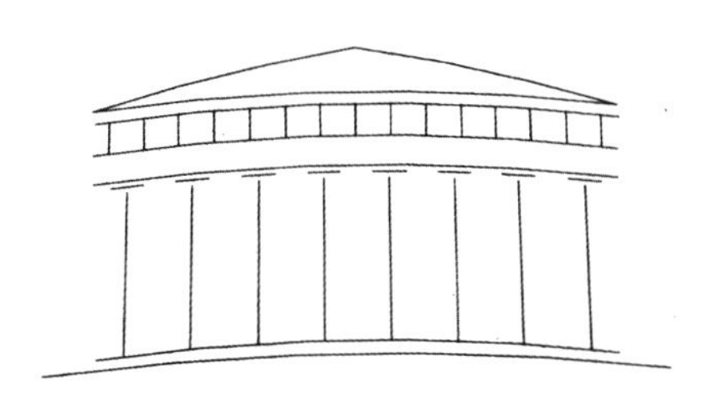

设计矫正

其他古希腊著名建筑

希腊古典时期

阿尔忒弥斯神庙（Temple of Artemis，公元前356—前236年）

土耳其·以弗所

被认为是古希腊时期七大神庙之一，也是第一座完全用大理石建成的神庙。八柱制，外柱环绕式，长130米，宽18米，由127条爱奥尼亚柱子组成。最有特色的是其中36条外柱的下部有浮雕装饰，可惜今天现场一片颓垣败瓦，看不到一根完整的柱；要看这些柱饰，只能到大英博物馆去了。

∴ 阿尔忒弥斯神庙遗址

∴ 宙斯神庙遗址

奥林匹亚宙斯神庙（Temple of Zeus，公元前460年—公元2世纪）

希腊 · 雅典

神庙于公元前5世纪开始兴建。由于区内政治动荡，到公元2世纪，才由罗马皇帝哈德良（Hadrian）完成。其间跨越古典和希腊化两个时期。

建筑长约110米，宽约44米。古典神庙制式规划，8柱制，双外柱围绕式，原柱式不详。现在剩下来15根柱子，均是科林斯柱式，证明兴建后期，罗马帝国这时期的建筑风格已受到希腊人影响了。

∴ 德米特丰收女神庙

德米特丰收女神庙（Temple of Demeter, 公元前510年）

意大利 · 帕埃斯图姆

这是现存最早和最完整的神庙，建于公元前6世纪。长约32米，宽约15米。屋顶由34根约7.5米高的多立克式外柱和8条爱奥尼亚式内柱承托，部分山墙仍在，横楣相对完整。据现况所见，那时中楣和三角形山墙的装饰相当简约，横楣背面仍然可看到金字形屋顶的木结构痕迹。神庙规模较后期的小，但外观看来，却更雄浑有力。

胜利女神庙（Temple of Athena，公元前480年）

意大利·西西里锡拉库萨

从这个建筑，可以看到从希腊古典至文艺复兴时期西方建筑风格的演变。

原建筑是供奉胜利女神雅典娜的，当时是公元前5世纪，意大利西西里人在对抗来自北非海岸的迦太基人的战争中获胜。神庙采用多立克柱式和希腊古典时期的形制。

时移世易，神庙保留下来，但不断修改和扩建，它现在是供奉圣母玛利亚的教堂，原神殿被改为教堂的中堂。现在的正立面以圣伯多禄和圣保禄装饰，明显是巴洛克风格，但原神庙的多立克柱和山墙，还有各时期建筑风格的构件仍然清晰可辨。

∵ 胜利女神庙

希腊化时期

阿波罗神庙（Temple of Apollo，公元前300年）

希腊 · 德洛斯岛

希腊神话里说德洛斯岛是太阳神阿波罗的出生地。这阿波罗神庙本来是多立克柱的六柱制前后廊柱式神庙，可现在几乎只余废墟。

∵ 阿波罗神庙遗址

∴ 风神塔

风神塔（The Tower of the Winds，公元前46年）

希腊 · 雅典

这是公元前古希腊人用来观测天文的建筑。八角式造型，内径约7米，内高约12米，砖石结构。东北和西北设有双柱式门廊，南面设有水箱。内间是以滴水计时的装置，外墙刻有显示太阳照射角度的线条，屋顶装有转动的风向仪。说明这时期的希腊已把从埃及或巴比伦传入的天文学问用到建筑上了。

拜占庭时代，教堂的钟楼理念便是从风神塔转化而来的。18世纪英国牛津郡兴建的拉德克利夫天文台（Radcliffe Observatory）更在顶部放置仿做的风神塔。

3 古罗马

Ancient Roman

较诸希腊，古罗马的建筑除了神庙，还增加了各式各样的市政设施，标志着欧洲建筑史上划时代的变化。

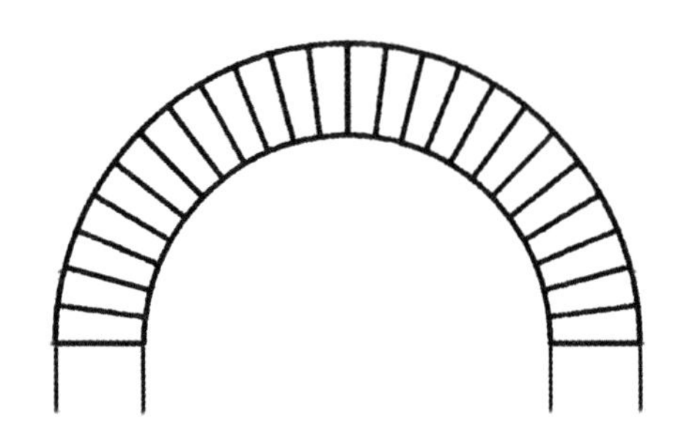

∴ 古罗马人开创了圆拱的建筑技巧

公元前300年罗马共和国稳定了意大利半岛的政治局面，至公元395年罗马帝国东西分裂，建筑史上称为罗马时期。当时罗马国力大盛，是历史上唯一能把黑海和地中海都视为内海的国家，版图西至英格兰，东及美索不达米亚平原，南达埃及和非洲北部沿海地区，深远而全面地影响这些地区的发展，建筑文化当然也不例外。

罗马是由拉丁族的移民建立的，但罗马共和国则融和了意大利半岛的许多民族。其中，在罗马北方的伊特鲁利亚人（Etruscan）不但和古希腊文化深有渊源，他们更是天生的建筑师，擅长设计和组织大型工程如城墙、运河、排水排污系统等；古希腊的多立克柱被他们修改为简约的托斯卡纳（Tuscany）柱，又开创了圆拱结构的建造技巧。

古罗马在建筑上之所以大有发展，除了承继了古希腊的建筑文化外，意大利的地理条件对发展建筑也得天独厚。意大利半岛虽然狭长，但纵贯南北的亚平宁山脉（Appennines）并没有分割沿海地区，海岸线虽长，海上交通却不发达，因为缺乏海湾；反之，沿岸的陆上交通自远古已非

·伊特鲁利亚人（ETRUSCAN）·

在托斯卡纳（TUSCANY）艳阳下，曾有一支古老而有生命力的伊特鲁利亚文明。伊特鲁利亚人的来源不详，有传说是小亚细亚（现土耳其西部）的吕底亚（LYDIA）王朝的一个部族，约于公元前1250年特洛伊战争（TROJAN WAR，木马屠城之役）后避难到意大利中西部。其后迅速崛起，到公元前8世纪，实力为意大利半岛各族之冠，势力扩展南至那不勒斯海湾及庞贝城一带，北至波谷（THE VALLEY OF PO），东达亚得里亚海。当他们兴盛时，罗马也受他们管治。后来罗马强大，伊特鲁利亚才受制于罗马。

常通畅，大有利于各地交往、建立共和政体和日后的帝国扩张。

在天然建筑资源上，意大利半岛除了蕴藏大量优质花岗岩、大理石及铜、铁、锡等外，还有另外三种天赐良材：亚平宁山脉的石灰岩、死火山留下的既轻且硬的火山岩（或碎石块）和火山灰，三者混合便成为坚硬而可塑性强的混凝土，不但可制成坚固的砖块，更可以浇灌为各式各样的建筑构件。混凝土是革命性的建筑材料，它使建筑物能够摆脱梁柱结构的限制，使空间规划和建筑造型更灵活，能够应付多样化的功能要求。

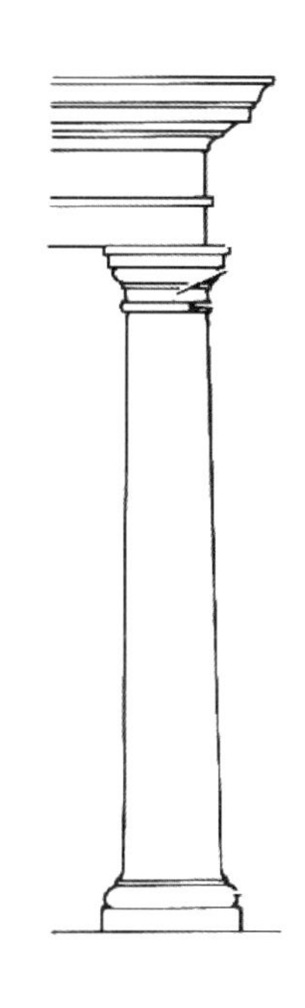

∴ 托斯卡纳柱

较诸希腊，古罗马的建筑除了神庙，还增加了各式各样的市政设施，标志着欧洲建筑史上划时代的变化。

神　庙

古罗马神庙糅合了伊特鲁利亚和古希腊两种建筑风格。例如，高台阶、前柱式门廊是伊特鲁利亚神庙的特色；神殿和柱的分布的样式，则采用古希腊的，以半柱围合式（以柱围绕神殿，柱之间有墙）最普遍。进口没有固定方向，布局因地制宜；位置多选择在广场内容易看到的地方。

屋顶大多采用古希腊的金字式木结构，天花加上木花格镶板装饰。这时期已出现各式各样的拱顶。

古希腊与伊特鲁利亚神庙比较		
	古希腊	伊特鲁利亚
柱　廊	四周环绕	正立面
梯　级	周边，三级	正立面，多级
门　廊	神殿前后	神殿前
台　阶	较矮	较高
内　殿	1	3
山墙装饰	有	或装饰，或空白，或漏空
屋　顶	坡度陡	坡度缓
雕塑分布	山墙及中楣	屋顶
平　面	长方	长方，短长方
柱　式	多立克，爱奥尼亚，科林斯	科林斯，托斯卡纳（简约的多立克）

市政设施

广　场

广场在城市中央，是供市民聚集、购物、抗议或举办各种节日活动的户外公共露天空间。

初期，城市规模较小，只需要一个广场，布局工整对称。随着城市发展，人口增加，原来的广场不敷使用，由于不断修改、加建、添加附属设施，布局也就变成不规则了。

会　堂
（Basilica）

公平与法治是古罗马在政治和经济上的重要精神，会堂便是体现这精神的市政设施。由于地位重要，会堂大多建在广场附近。

会堂是多功能的，它的设计以民事审讯和交易仲裁为主要功能；此外，在天气不佳时，还可以为市民提供户内活动场所。既然以实用为主，因此外墙不带装饰，有些甚至只三面有外墙。

∴ 奥斯蒂亚剧院

会堂内多呈长方形，比例约2:1。进口的方向因地制宜。

会堂里分为大堂和侧堂，以柱列分隔。侧堂分为两层，上层为参观者或旁听者而设；大堂比侧堂高，形成不同高度的屋顶；两个屋顶之间装置窗户，让天然光线进入堂内。

在长方形会堂的尽头，有一个半圆形的地方，地面稍高，用柱或栏杆分隔。审判仲裁时，主理者坐在这里，前面是市民代表的位置；举行交易时，在这里摆设祭坛，完成祭礼后，才进行交易。

会堂的长形布局的规划概念，日后被基督教采用，因此，基督教堂亦被称为会堂式教堂（basilica church）。

其他市政设施还有浴场、剧院、竞技场、马戏场、凯旋门、纪念柱、输水道、喷泉和桥梁等。

名 作 分 析

万神庙
Pantheon
（公元 120—124 年）

意大利 · 罗马

∵ 万神庙

虽然千百年来，万神庙经过无数次更改和复修，仍不失是现存最经典、最完美的古罗马建筑；也是意大利文艺复兴初期，建筑师的重点研究对象，在西方建筑史的地位无可替代。旅行者若稍加留心就不难察觉到一些至今还经常采用的基本建筑元素。

若要认识万神庙的文化内涵，先要追溯它的前身。

神庙始建于公元前25年，是阿格里帕（Agrippa）为了纪念屋大维（Octavius）建立帝国而建的，他打败安东尼和埃及艳后——托勒密王朝克莱奥帕特拉七世（Cleopatra VII），死后被封为神。阿格里帕是屋大维的女婿、最得力的将军、市政官，也是王位继承人提比略（Tiberius）的岳父。

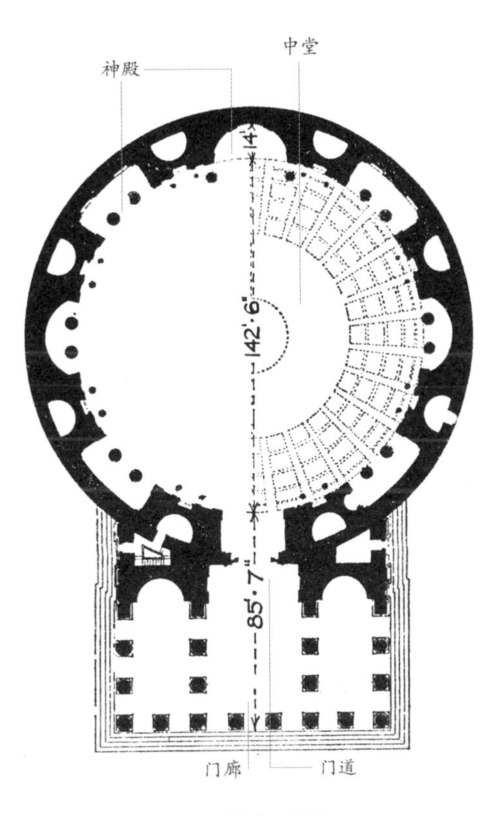

∴ 万神庙平面图

这时希腊已被罗马所并，两种建筑文化相互碰撞。万神庙采用了受古希腊影响而又截然不同的伊特鲁利亚（Etruscan）风格。史载，该神庙是长方形的，门口向南，10托斯卡纳柱制，可惜公元80年被焚毁。

现在看到的万神庙是圆形的，有一个长方形门廊，是公元125年热衷建筑艺术的国王哈德良（Hadrian）所建。

圆殿建在原神庙进口的前方，原神庙的位置重建为万神庙的门廊，进口改在北边。虽然山墙的青铜浮雕已不复见，而且骤眼看来，门廊的建筑形制放弃了伊特鲁利亚式，已改用希腊化时期的8科林斯柱制，但走进门廊，便发觉与古希腊建筑又不尽相同：首先，在列柱之后，多了两排柱；在横梁上承托屋顶的，并不是古希腊传统的短柱，而是砖造的半圆拱顶，屋顶木椽直接搁在拱墙上，反映这时期砖石技巧已渗入古希腊的梁柱结构了。门廊的布局仍保留伊特鲁利亚的三间形制，中间是通往圆殿的门道，两旁是屋大维和阿格里帕的神殿；这证明古罗马人能够用新技术把罗马的和希腊的建筑文化结合起来，为日后融和不同的建筑文化提供了范例，是建筑史上的里程碑。

圆殿的造型简单，却是古罗马文化、艺术、科技与文明的结合体。平面内直径约43米，穹顶到地面高度也恰巧相同，这意味着室内包藏着一个球形的空间。穹顶是一个直径8.9米的大洞（亦称天眼），自然光从天而降，也随时间推移，在不同的角度投向每一角落。此外，殿内还附建有四长方、三半圆的小神殿供奉七大行星神祇。总而言之，万神庙空间的雕琢、光线的塑造、小神殿的安排，象征着天与地、神与人的关系和古罗马人的宇宙观。

∴ 混凝土穹顶有凹格子

∴ 穹顶是一个大洞，自然光从天而降。

从建筑角度去看，无论球体、半球体或部分球体都是最能抗衡压力和张力的结构。半球形的穹顶说明古罗马人已充分掌握到这结构的技术。穹顶用混凝土浇灌而成，上薄下厚，但最薄的上部也达1.2米；穹外以青铜块保护（已拆除，现改为铅片），穹内则以大理石块及青铜箍装嵌；穹顶下部的凹格子，除了装饰，也可以减轻重量。在15世纪佛罗伦萨的圣母百花大教堂刻意要比它做得大一点，此前，万神庙的穹顶一直是全欧洲最大的。后世的肋拱穹顶（rib and panel vault）技术也是在万神庙穹顶的基础上演进出来的。

从表面上看不出有没有用混凝土来做承重的外墙，但从剥落的部分看，墙体是砖砌的，用了半圆拱技术来稳固的三叠式砖石结构（alternative layers）。墙内大理石贴面，造型上用了很多古希腊的建筑样式。更值得一提的是，这时期柱不再是必需的结构组件，而是分割空间及装饰用的建筑构件了。这个理念，在西方建筑艺术的发展过程中影响深远。

∵ 三叠式承重墙上依稀见到每一叠的圆拱

名 作 分 析

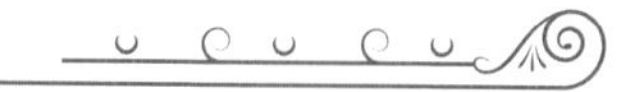

古罗马广场
The Forum of Romanum
（公元前312年）

意大利·罗马

∵ 古罗马广场

古罗马广场在罗马市的中心，台伯河（Tiber River）东岸的小平原上，三面被著名的罗马七小山丘环抱，其中，南面的帕拉蒂尼山（Palatine Hill）曾是宫殿的所在地和达官贵人的居所，西北的卡比托利山（Capitoline Hill，英语“首都”一词的来源）更是共和国和帝国的宗教政治中心。

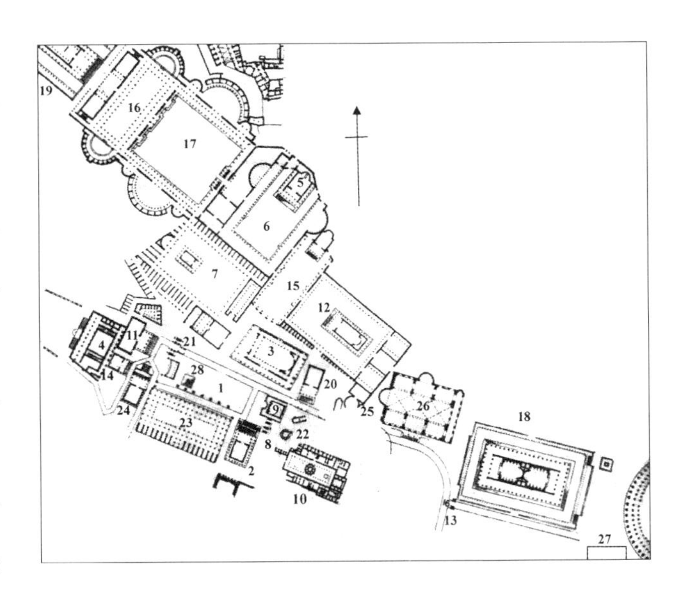

∴ 古罗马广场复原平面示意图

由于地理条件的关系，广场所在的位置自古便是古罗马先民聚居和集市的地方。共和国时期，政府锐意把它经营为宗教、政治、经济中心，在周边加建了可以公开参拜的神庙、多功能会堂、行政设施及可以让市民举办庆典活动或向政府表达意见的户外空间。虽然罗马帝国在共和国的概念上不断扩建广场，但这时期的建设大都有对帝王歌功颂德的色彩。

可惜公元4世纪，罗马帝国分裂后，西罗马帝国日渐衰落，帝国版图地区政治混乱，基督教的传入更改变了原来的宗教和经济形态，西欧进入了长达千年的所谓“黑暗时期”。其间，广场的神庙被改为新的宗教用途，部分设施更被拆卸，改建为教堂。广场的功能不再，经悠久岁月，较大型的建筑物都已面目全非，遗址也不容易辨认。幸好，一些具坐标性的小型建筑文物如凯旋门、图拉真和佛卡斯圆柱等，相对完好，游人还能依稀感觉到昔日的规模。

古罗马广场是共和国和帝国兴衰的印记，虽然现在已成废墟，但仍被认定为世界文化遗产，是记录古罗马的政治、经济生态和古罗马人日常生活的载体。如果仔细欣赏，

共和国建设（508 BC—27 BC ）			
编 号	名 称	年 份	执政官
1	古罗马广场（Forum Romanum）原址	公元前6世纪前	
2	卡斯托尔和波吕克斯神庙（The Temple of Castor and Pollux）	482BC	不详
3	艾米利亚会堂（Basilica Aemilia）	78BC	埃米利乌斯（Aemilius）
4	档案馆（Tabularium）	78BC	埃米利乌斯
5	战神庙（Temple of Mars Ultor）	46BC	凯撒
6	奥古斯都广场（Forum of Augustus）	42BC	屋大维（Octavius）
7	凯撒广场／维纳斯神庙（Forum of Caesar／Temple of Venus Genetrix）	42BC	屋大维
8	奥古斯都凯旋门（Arch of Augustus）	29BC	屋大维
9	凯撒神庙（Temple of Divus Julius）	29BC	屋大维
帝国建设（27 BC—476 AD）			
编 号	名 称	年 份	皇 帝
10	贞女之家（House of The Vestal Virgins）	54–64AD	尼禄（Nero）
11	协和神庙（Temple of Concord）	7BC–10AD	屋大维
12	韦斯巴芗广场／和平庙（Forum of Vespasian／Temple of Peace）	71–75AD	韦斯巴芗（Vespasian）
13	提图斯凯旋门（Arch of Titus）	82AD	图密善（Domitian）
14	韦斯巴芗神庙（Temple of Vespasian）	95AD	图密善
15	涅尔瓦广场（Forum of Nerva）及药神庙	98AD	涅尔瓦（Nerva）
16	图拉真会堂及柱（Basilica／Column of Trajan）	98–113AD	图拉真（Trajan）
17	图拉真广场（Forum of Trajan）	98–113AD	图拉真
18	维纳斯及罗马神庙（Temple of Venus and Rome）	123–135AD	哈德良（Hadrian）
19	图拉真庙（Temple of Trajan）	125–138AD	哈德良
20	安东尼与福斯蒂纳神庙（Temple of Antoninus and Faustina）	141AD	庇乌斯（Antoninus Pius）
21	塞维鲁凯旋门（Arch of Septimius Severus）	203AD	卡拉卡拉／盖塔（Caracalla／Geta）
22	灶神庙（Temple of Vesta）	205AD	塞维鲁（Severus）
23	朱利亚会堂（Basilica Julia）	46BC–283AD	凯撒／戴克里先（Diocletian）
24	农神庙（Temple of Saturn）	284AD	卡里乌斯（Carius）
25	罗慕路斯庙（Temple of Romulus）	312AD	马克森提乌斯（Maxentius）
26	君士坦丁会堂（Basilica of Constantine）	310–313AD	君士坦丁（Constantine）／马克森提乌斯
27	君士坦丁凯旋门（Arch of Constantine）	315AD	君士坦丁一世（Constantine I）
28	佛卡斯圆柱（Column of Phocas）	608AD	不详

仍会找到一些对西方文化发展影响深远的建筑片段。

维纳斯及罗马神庙（The Temple of Venus and Rome）

女神庙位于古罗马广场东端，正对着大竞技场，经过二十多年重修，2010年再开放。

神庙与万神庙同期，也是皇帝哈德良兴建，约当东汉中后期。它非常大，长165.5米，宽104.7米，是10柱假双外柱制式，曾由约200条来自埃及的大理石柱组成柱廊，围绕神庙。建筑师是来自大马士革的阿波罗多洛斯（Apollodorus of Damascus），因而设计糅合了一些古西亚的建筑元素，例如拱顶、砖石承重构件等。

本来神庙同时供奉爱神维纳斯和象征共和国的罗马女神，所以一庙而隔开东西两殿，原来的入口也分别设在东西门廊。神庙最有特色的地方，是半圆形平面和半拱顶神殿，混凝土浇灌的拱顶由承重墙支撑。这是日后所有半圆神殿（apse）的雏形，基督教圣殿的前身。神庙的木结构金字顶不存，甚至覆盖屋顶的镀金青铜片也在公元7世纪时被教宗拆下，用到圣彼得大教堂；但正因为有缺损，走近看，可以见到混凝土结构最原始的建造方法。

∴ 维也纳及罗马神庙

安东尼与福斯蒂纳神庙（The Temple of Antoninus and Faustina）

∴安东尼与福斯蒂纳神庙

和其他神庙比较，规模较小，装饰也较简单，是第十五位皇帝安东尼·庇乌斯（Antoninus Pius）为纪念妻子福斯蒂纳而于公元141年兴建。采用6前柱形式，前廊较深，台阶是典型的伊特鲁利亚式，高约4.8米，柱子是科林斯式。有趣的是，建筑物上部和下部的风格极不协调，17世纪时，拆除了原来门廊上的三角形山墙和屋顶，改为文艺复兴时期的巴洛克风格，而神庙也改称为米兰达的圣洛伦佐教堂（The Church of S.Lorenzo in Miranda）。

卡斯托尔和波吕克斯神庙（The Temple of Castor and Pollux）

这是两个拉丁化的希腊神，传说他们分别是斯巴达国王的儿子和天神宙斯的儿子。因为他们在公元前496年协助罗马人打败大敌伊特鲁利亚，于是罗马人在公元前482年把神庙奉献给这两个神。

∵ 卡斯托尔和波吕克斯神庙

神庙曾多次被破坏、重建，原建筑是8前柱及外柱环绕式，现剩下来的三条柱子，是公元前14年重建的遗物。伊特鲁利亚式砖石台阶高6.7米，台阶下，柱与柱之间留下的筒形拱顶的空间，据说是储存公共财富的地方。

现神庙最值得欣赏的是剩下来的柱子的顶部，是科林斯和爱奥利亚柱式的混合体（Composite order），工艺十分精细，是古罗马建筑的特色，已不多见。

其他古罗马著名建筑

大竞技场（The Colosseum，公元10—82年）

意大利·罗马

也称露天剧场。在古罗马广场的东部。第九任皇帝韦斯巴芗（Vespasian）执政时期始建，至公元82年由第十一任皇帝图密善（Domitian）完成。椭圆造型，东西约156米，南北约186米。场内约有3万平方米表演场地、5万座位和包厢，是达官贵人与民同乐的康乐设施。

罗马人吸取了希腊建筑文化，但大竞技场与希腊化时期依山而建的剧院不同，它的规模大、结构复杂，巧妙地应用不同的混凝土组合和砖石盖成，是结构独立建筑体。

外立面呈四层形态，首层是围绕式的门廊和进口，二三层是游廊，顶层则紧靠着场内最高的座位。外墙楼层以壁柱装饰，从低至高分别是古希腊的多立克、爱奥尼亚和科林斯柱式；此外，围绕着层与层之间的横楣设计和装饰都是从古希腊神庙蜕变出来的。

∴大竞技场

塞尔瑟斯图书馆（Library of Celsus，公元135年）

土耳其·以弗所古城

∴塞尔瑟斯图书馆

以弗所经历过罗马的统治，这是纪念当地的罗马帝国公民和参议员塞尔瑟斯捐献12000卷文献给公众使用的图书馆，他的墓也在图书馆内。之前他的雕像放在进口远处的半圆小空间内。

建于公元135年的建筑，公元262年哥特人入侵时被烧毁，只留下正立面。公元400年修复后，改为供奉泉水女神（Nymphaeum），不料后来又在地震中全毁。现在看到的是20世纪60至80年代按被哥特人破坏后的模样复修。

建筑长约17米，宽约11米。楼高一层，但正立面则呈两层的样子，下层的四组柱廊各以两根混合式柱组成，上层则改为科林斯柱式。门口三个，中间的较高，门口之间以象征道德（Sophia）、知识（Episteme）、命运（Ennoia）和智慧（Arete）女神的四个神龛装饰。立面的艺术表现十分丰富，是罗马帝国时期公共建筑的设计典范。三进口的布局及以柱廊为立面装饰的风格，与日后罗马风时期的教堂造型不无关系。

帝王之柱（The Column of Marcus Anrelius，公元174年）

意大利·罗马

公元174年为纪念第十六任皇帝马可·奥勒留（Marcus Anrelius）战胜北部多瑙河流域的日耳曼部落而建。原来矗立在马可·奥勒留神庙之前，其后神庙被拆除，改为现今的科罗拉广场（Pizza Colonna），或称圆柱广场。

柱高约30米，直径约4米，坐落在10米高的基座上；柱子中空，里面有螺旋梯直达顶部。柱外的螺旋形浮雕装饰记录该战役的过程。柱顶原来安装的马可·奥勒留像，1589年教宗西斯都五世（Pope Sixtus V）时被拆除，改为现在的圣保禄像。

近代法国巴黎的埃菲尔铁塔和美国纽约的自由女神像等，和帝王之柱有异曲同工之处吧。

∴ 帝王之柱

∴ 昆蒂里引水道

昆蒂里引水道
（Quintili Aqueduct，公元 2 世纪）

意大利 · 罗马

公元1世纪以后，罗马帝国不断扩张，城市人口急剧增加，公共浴场和喷水池也需要大量用水。就罗马城而言，每天便需多达1亿6千万立方米的用水。幸而罗马人继承了北部伊特鲁利亚人的工程天分，创造了大量引水道，从远处输水。

昆蒂里引水道便是一条典型输水设施，在十四任皇帝哈德良时代兴建。输水道铺设在砖造的拱式结构上，作用是把水分流到罗马近郊名门望族的别墅去。

卡拉卡拉浴场
（The Thermae of Garacalla，公元 211—217 年）

意大利·罗马

建于皇帝卡拉卡拉（Caracalla）当政的年代，正是曹丕篡汉之前的时间。

∴ 卡拉卡拉浴场

浴场四方形，边长约320米，总面积达10万平方米，可供1600人同时使用。浴池及康乐设施建在6米高的平台上，平台下满布火炉、热水管道、暖风系统等，供应整个建筑物热水和暖风。

用地周边以两层高的建筑包合，下层是小商店。上层贴着北面的是从平台进入的独立小浴室；东西两面呈弧形突出周界，是多个阅读室和演讲厅；南面是露天体育场及看台，紧靠看台后面，是和引水道连接的蓄水池。

浴场主建筑长约229米，宽约116米，面积达2万6千多平方米。位置偏北，南面和体育场之间有露天园林。四个进口均在北面，中间两个是浴池进口，两侧是更衣间，其余两个通往健身室和其他设施。室内采用对称布局，沿中轴线，由北至南，分别是露天冷水浴池（frigidarium）、高30多米的拱顶中庭，然后是高约20米的室内温水池（tepidarium）和40多米的穹顶圆形热水池（calidarium）。

浴场设施完备，装修富丽堂皇，虽然今天只看到残缺的建筑构件，但主要设施仍然清晰可辨，走进现场，仍可以感受到当年的气派。

4 拜占庭

Byzantine

拜占庭帝国简单来说，就是东罗马帝国，除了教堂建筑之外，他们发明的马赛克镶嵌也影响了现代人的生活。

看拜占庭建筑，其实是看东罗马帝国的建筑，以及看它的流风怎样在欧洲中世纪时传播，甚至影响到中国东北。

简单来说，拜占庭帝国就是东罗马帝国。而拜占庭这个地方，就在今天土耳其的伊斯坦布尔，曾经叫作君士坦丁堡。

建筑风格的成因

拜占庭帝国既然是罗马帝国的延续，它的建筑文化也源于罗马帝国。但是拜占庭国祚长，而且新首都有新的地缘因素，更受希腊和地中海东部的影响。黑海——马尔马拉海（伊斯坦布尔所在）——爱琴海之间的南北向讯息、物资和人才交流也更频繁。拜占庭帝国为了巩固统治，恢复罗马帝国的辉煌，因此实施开放政策，鼓励各地的知识分子参与建设。

今天能看到的拜占庭建筑，以教堂最具代表性。

拜占庭在建筑上有两个值得注意的地方：

1. 建筑材料的改变

罗马建筑的结构以石材为主，但拜占

·拜占庭帝国·

拜占庭本来只是一个小地方的名字，希腊人早在公元前就殖民到这里。后来连希腊一起并入罗马帝国。

早在罗马帝国分成东西之前，罗马皇帝君士坦丁就曾在这里建立新首都，所以罗马帝国的首都不是只有罗马。到罗马帝国分裂为东西，尤其是西罗马帝国灭亡之后，这里就成为罗马帝国的中心。整个帝国叫东罗马帝国，或史学家称之拜占庭帝国。帝国上承罗马帝国，公元6世纪时最盛，版图跨欧、亚、非洲，包括意大利。

帝国延续的时间很长，到1453年才被信伊斯兰教的突厥人所灭，那是明朝中期的事。当时明朝皇帝的年号是景泰，也就是以景泰蓝出名的时代。

汉朝之后，与中国来往的罗马帝国主要是指拜占庭帝国。

庭帝国境内缺乏石材，要从外地进口，价格昂贵，而且供应不稳定。于是，早期多是从旧建筑拆下石材，但资源有限，很快便用尽了。

幸而帝国境内有大量优质黏土，拜占庭帝国便用罗马传统的制造三合土方法，把小石块、破碎陶瓷、石灰和黏土混合做砖，以减少用石材。

随着制砖技术的改进，砖渐渐代替了石块的功能。

2. 宗教改变

罗马本来信多神教，为争取基督教徒支持，把基督教定为国教。由于宗教转变了，原来朝拜诸神之殿变为传承教义的教堂。功能上的转变，促使建筑规划上的改变。

建筑特色留意点

结　构

· **多样化的穹顶**：是拜占庭建筑的一大特色，主要有半球、覆合、西瓜及洋葱等形状。穹顶能够多样化，是因为穹顶的下面用了环座（circling ring）和帆拱（pendentive，三角形的半穹隅）（插图）这种结构组合。此外，这种结构下，有大幅外墙不必承重，选择窗户位置就更有弹性，丰富了自然采光的效果。

· **砖砌艺术的发展**：立面设计比较全面，装饰也比较讲究。随着技术进步，高质量面砖的出现，创作出如十字形、山字形、人字形、鱼骨形等千变万化的砖砌造型；或混合不同颜色的砖块，或加上少量石块装饰，丰富了立面的艺术表现。

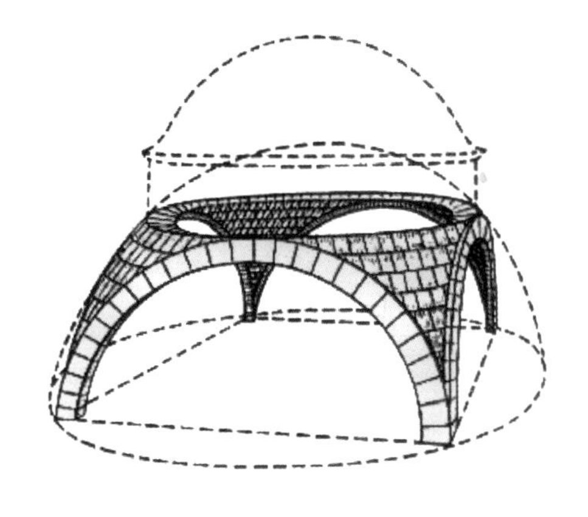

∴ 帆拱为三角形的半穹隅

· **石柱退居次要**：和希腊罗马的石建筑不同，拜占庭的结构以砖墙来承重。石柱经常只用于次要的结构，甚至只作装饰。由于这样，柱子造型千姿百态，柱的应用摆脱了前希腊–罗马的制式和秩序。

平面布局

宗教建筑的新规划：本来罗马神殿的平面布局，以圆厅（rotunda）和门廊（portico）组合。随着宗教功能的改变，拜占庭的教堂渐渐发展为方形或短长方形，面积和高度也增加了。从前突出在主建筑外面的门廊变成了建筑内的门厅（vestibule），为了突显进口的重要性和气势，于是在大门旁加上拱门形状的装饰线条，使人从远处也察觉到进口在那里。

内装修

为了美化砖墙，增加气派，内装修多以进口大理石贴面，进一步发挥罗马帝国这种装修方法。使用马赛克（由小石块或小片玻璃拼成的贴面材料）于欧洲更是划时代的贡献。为了和罗马多神教的形象有别，拜占庭放弃了雕像，改用马赛克镶嵌而成的宗教图像。由于这种新手法不受空间限制，可以把宗教讯息灵活地表达在地板、墙壁，甚至天花板上，开创了马赛克镶嵌画的先河，后来更发展成手绘画，用到其他建筑中。

· 现代生活里的拜占庭 ·

拜占庭的建筑文化经过长期的发展，部分已融入今天的日常生活中。拜占庭用彩色石子做马赛克画，价值高昂，用作部分墙面的装饰；现代的马赛克砖（俗称纸皮石）是大量生产的工业品，足以用在整栋大楼的外墙。

名 作 分 析

圣索菲亚大教堂

Church of S. Sophia / Hagia Sophia

（公元532—537年）

土耳其 · 伊斯坦布尔

∵ 圣索菲亚大教堂，宣礼塔是后加的。

外观看点

圣索菲亚大教堂的造型简朴，比例雄浑有力（四周的伊斯兰教宣礼塔是后加的，但没有破坏教堂良好的外观造型）。

外墙以抹灰、粉刷完成，不加修饰。

主穹顶由5厘米薄的楔形砖砌成，但因外层覆盖铅片，看不到砖。主穹顶下的环座看得很清楚，虽然有窗，但这一圈外突的构件加强了承托主穹顶的力量。

所有穹顶明显突出于建筑上方，初看复杂，但因为造型对称，比例良好，而不觉杂乱。当你进入教堂，看过主穹顶、半穹顶等组成的复杂顶部结构之后，再出来细看，就更明白这些穹顶的安排了。

进入教堂前，留意面对西北的进口有四条扶壁石柱，没有抹灰，可以清楚观察建材。扶壁的作用下文再详讲。

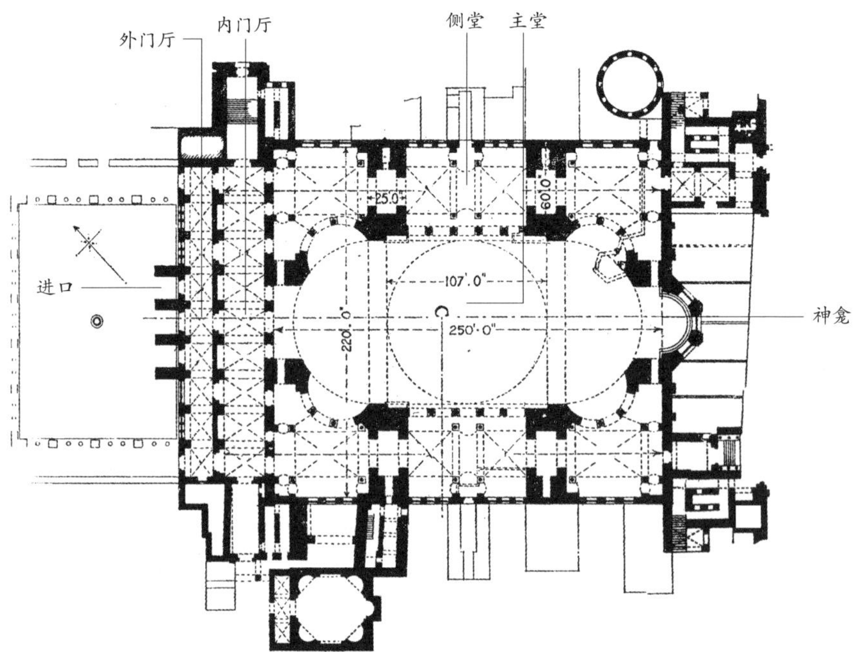

∴ 圣索菲亚大教堂平面图

∴ 圣索菲亚大教堂硕大而轻盈的穹顶。

内部看点

从大门进入，经过两重门厅时，除了看马赛克圣像，还可以留意门厅都是狭长的空间，与接下来的开阔中心区形成空间对比。

进入教堂的中心区，你能不感到宏伟吗？想一下这是公元562年重建而成的（在中国是南北朝）！你可能觉得罗马圣彼得大教堂的空间更大、穹顶更雄伟，但眼前这个教堂比它早近一千年。你可以说罗马万神殿的穹顶直径更大，时间更早，但万神殿内部空间却不及这里宽敞。有一千年时间，它曾是最大的教堂，拜占庭的君主在这里加冕。

· EXEDRAE遗迹 ·

EXEDRAE原是希腊思想家在露天公开辩论的公共建筑，半圆状，沿边设座位。这概念被罗马人引入室内，加上背壁或柱子及透光的半穹顶。

∵ Exedrae 遗迹

·穹顶和内部空间：大堂中心区是正方形的，有一个直径约33米，高约56米的主穹顶。东西两端还有半圆的副空间，顶部是半穹顶。主副结合，使室内形成椭圆形的朝拜空间。在东西的半圆副空间的四角，设有罗马人传统使用的半圆形座谈间（exedrae），为了界定这个空间，顶部也造成半穹顶。各种穹顶于是凑成复杂的顶部。

我们欣赏这个教堂的复杂顶部时，一定会留意到约20层楼高的硕大穹顶不像要压下来，而犹如悬挂起来一样轻盈。这是有技巧的。

∴穹顶底部的窗，是教堂的光线来源。

这个主穹顶不是直接压在承重墙上，而是首先坐落在环座（有一圈窗的地方上，我们在外面已经看过它怎样加强支撑又大又重的穹顶），然后再坐落在三角形的帆拱（四角四个大天使的位置）上。帆拱的底部分别坐落在四条柱礅上，柱礅以半隐藏在外墙的扶壁来斜撑着。于是柱和扶壁浑然一体，它们之间的拱洞变成侧堂的通道。此外，室内所有建筑元素如柱、壁、门、窗、洞、廊、走道、过厅，乃至各空间等的比例和布置，例如大小、高低、前后都是渐进式的，相互协调。南北两层柱廊可以明显见到这种下大上小的渐进安排。这种有序的安排，有助于隐藏巨大的柱礅和扶壁。这是视觉效果，也是建筑艺术的表现。比较而言，圣彼得的穹顶承重柱就十分明显。

· **窗户和自然采光：**光线来自各大小穹顶底部的窗户，以及非结构部分的窗户——

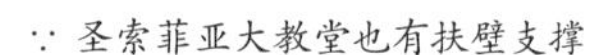
∵ 圣索菲亚大教堂也有扶壁支撑

∴ 金碧辉煌的马赛克圣人图像

不是主力墙的拱顶的几排大窗。可见环座和三角形半穹隅对窗户位置的影响。窗户的半圆拱顶和竖长方形，是典型罗马风格。

· **扶壁的锥形：** 扶壁在后世的建筑大有发展，像巴黎圣母院的飞扶壁就很有名。而圣索菲亚大教堂四角四根长7.7米、宽18.5米的大柱是主穹顶的承重柱，也有扶壁支撑，只是隐藏起来了。

· **柱：** 中心区南北两侧长77米、两层高的副堂有各种柱，由于在承重上只起次要作用，所以柱的花样很多，有些柱头雕刻很深，有玲珑的效果。这些墨绿色的石柱是取用旧石材重新用的例子。半圆形座谈间的黑红色石柱也是从别的罗马神庙搬来的。

· **马赛克：** 四个三角形半穹隅的装饰是用金色马赛克镶嵌的天使图像，教堂进口的门厅以及上层仍然见到金碧辉煌的马赛克圣人图像；地面原以马赛克铺砌图形等。同时可以留意内墙和柱面镶上不同的大理石。这些都是拜占庭始创的建筑特色。

其他拜占庭风格著名建筑

圣马可大教堂（St.Mark Basilica，1042—1085年）

意大利·威尼斯

圣马可大教堂是最能反映威尼斯艺术风格的建筑物。原教堂于公元864年为了保存圣徒约翰·马可的遗骸而兴建，但在公元976年被烧毁。现教堂是后来在原址重建的。那时候，威尼斯虽然是独立的共和政体，但是政治上却受到奉行公教教义的罗马教廷掣肘。为了表达不满，重建时刻意地采用正教中心拜占庭帝国君士坦丁堡（现伊斯坦布尔）门徒教堂的建筑风格，以及十字形平面规划。

室内装修也采用拜占庭风格，处处以色彩丰富的石块和玻璃马赛克宗教画装饰。外装修更多姿多彩，来自世界各地的装饰构件，巧妙地融为一体，是威尼斯的艺术特色。五进口的前柱廊，穹顶的布置

·圣马可与基督教·

圣马可，原名约翰·马可，耶稣的十二门徒之一。

基督教，现分为正教、公教和新教三教派。正教，或称东正教，指最早由西亚传入君士坦丁堡，自称为正统的基督教派。公教，又称天主教，指把原教义再诠释，由罗马教廷传播的教派。新教，是16世纪马丁·路德的公教改革运动中，脱离罗马天主教的基督教派，亦称新基督教或基督教。

∴ 圣马可大教堂

等，都和罗马建筑风格有别。穹顶上的金冠顶、哥特式的尖塔和拱顶上的弧线装饰，分别是在13世纪和15世纪加上的。

大教堂雕塑性的造型，丰富的色彩，在威尼斯的蓝天和亚得里亚海的波光下，熠熠生辉。

圣瓦西里大教堂（St.Vasily Cathedral，1555—1561年）

俄罗斯·莫斯科

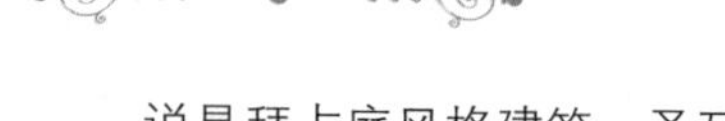

说是拜占庭风格建筑，圣瓦西里大教堂实在和当年君士坦丁堡的有点不同；大概是“礼失求诸野”吧，更准确地说，它是一个在拜占庭帝国灭亡后，仍然延续拜占庭艺术风格，更能反映正教教义的建筑。

大教堂原称波克罗夫斯基教堂（Pokrovsky Cathedral），后因被尊称为俄罗斯愚者圣人的瓦西里（Vasili）埋葬于此，改称为瓦西里教堂。说是大教堂，其实它是由8个柱形小教堂围绕着一个较大的组合而成，于1555年至1561年间由俄罗斯第一任沙皇伊凡四世（Ivan IV）兴建。8个小教堂是为了歌颂他8次战胜鞑靼人，但却以8位宗教圣人来命名；中央较大的是圣母教堂，她是俄罗斯的守护神。王权与神权结合，是正教的教义。

俄罗斯与拜占庭帝国关系密切，伊凡四世的父亲伊凡大帝曾得拜占庭相助，才得以摆脱鞑靼人的控制，统一邻近公国，建立他的沙皇王国。初期俄罗斯政治制度师承拜占庭，宗教上信奉以君士坦丁堡为中心的正教；文学艺术建筑都在拜占庭帝国的基础上得以发展。

走进教堂，立刻被满壁的马赛克图案和宗教图画围绕，与罗马天主教教堂以雕塑作装饰截然不同。

外观色彩斑斓，建筑造型灵活多变；多元的拜占庭风格的穹顶错落有致，洋葱式的造型除了美观，亦减少积雪。各种不同的装饰手法，东西文化和谐兼容，这便是拜占庭艺术风格的精神。

∴ 圣瓦西里大教堂

·拿破仑与圣瓦西里大教堂·

传说，拿破仑十分喜爱这座教堂，在占领莫斯科期间，曾有意把它拆迁到巴黎去，但受技术所限，未能如愿；撤退前，下令把它和克里姆林宫一起炸毁，幸得上天之助，引爆前，忽然下起大雨，教堂才得以保留。

5 罗马风

Romanesque

西罗马灭亡后，它的建筑文化在这些地方衍生变化几百年，到公元9世纪时初步形成风格。而城堡和教堂是罗马风的两种代表性建筑。

西罗马帝国灭亡后，到文艺复兴前，称为“黑暗年代”（Dark Age）。这时期，版图内的殖民地分裂成大大小小的邦国，遍及今天法国、德国、荷兰、意大利、波希米亚、奥地利、西班牙、葡萄牙等地。这些日耳曼族为主的邦国，文化水平不高，虽然都信基督教，但争权夺利，人民困苦，文艺科技发展停滞不前。

西罗马虽亡，它的建筑文化在这些地方衍生变化几百年，到公元9世纪时，也即大概是中国唐末、五代的时候，初步形成风格。由于有古罗马建筑的基因，所以称为罗马风格（亦有称仿罗马式）。在英国也叫作诺曼建筑风格（Norman Architecture），因为是11世纪后，诺曼人入主英国时传入的。

建筑风格的成因

从罗马帝国分裂出来的邦国，虽然承袭罗马的建筑文化和技术，但受经济条件所限，并且融合当地的条件和环境，规划以务实为主，风格简朴，布局上因地制宜。

早在罗马帝国时期，来自东方、主张一神的基督教已经成为国教，此时政治权力日渐高涨，并且和贵族的利益唇齿相依，控制了政治和国计民生，垄断了教育、知识、医药卫生以至生活的所有公共设施。

各国虽然各自为政，但大多数与拜占庭帝国（东罗马帝国）保持紧密的经贸关系，文化艺术也受拜占庭的影响，建筑构件也就渐渐脱离昔日的规制。

这时的建设多以军事防卫及彰显宗教威严和传递神的讯息为目的。城堡和教堂是罗马风的两种代表性建筑。

建筑特色留意点

结　构

·**顶部**：公元9世纪之前的基督教早期建筑，可能受经济条件所限，教堂顶少见巨大的穹顶，而多是木造的金字顶。金字顶也是罗马的建筑形式。公元9世纪以后，渐渐在大堂以砖石加造了罗马时期的半同心圆拱顶。罗马风时期，肋拱穹顶（rib and panel vault）的发明影响最深刻，概念是用石造的骨架把拱顶的重量传送到石柱。这技术不但改变了以往用墙来承托拱顶的方法，也少用了石材，节省了成本，而造型又可以灵活多变。

∴ 肋拱穹顶

·**壁柱（pilaster）和扶壁（buttress）**：这时期，建筑师已经认识到用砖造的壁柱和扶壁，可以减少承重墙的厚度，增加使用空间，同时比较省钱，这概念在20世纪钢筋三合土普遍使用之前一直使用。扶壁更是日后哥特建筑的石造飞扶壁的前身。

·**门窗**：门窗形状仍然用罗马的同心圆拱顶，但退装在外墙，与外墙的内壁平齐。从外面看，凹入的位置使门框窗框可以加上一层层逐渐扩展的装饰。教堂山墙上方加上圆窗（亦称玫瑰窗），嵌装彩色透明玻璃，把自然光引入中堂。

·**柱廊**：用多条柱子以半圆拱顶联结而成的柱廊（colonade），早期用来分隔主堂和侧堂的空间，后来更普遍用来做建筑立面的装饰。

·**柱**：意大利仍采用原罗马时期的独块石柱，但其他地区多采用圆石筒填上石头，叠砌成柱。柱身雕塑各种线条，柱头（capital）也脱离了罗马的规范，造型多样化。

∴ 退装的门

·**外墙**：除了用柱廊、壁柱、扶壁装饰外，更用大小和颜色不同的砖石块铺砌成各种图案，并加上动植物雕刻或雕塑等。

∴ 玫瑰窗

平面布局

脱胎自罗马神庙的圆殿的教堂平面布局，不久便改为罗马公共建筑如法院、洗浴场等的长方形布局（basilica plan）。中后期在建筑两侧加上耳房（transept），使平面更像十字架形状。

长方形的堂内用排柱分割为中堂和两至四个侧堂，圣殿设在突出在中堂尽处的半圆空间（或半多角）。

根据各地不同的条件，有些加上钟楼和浸洗池设施。

内装修

内墙用大理石贴面，加上宗教题材的拜占庭式马赛克画和手绘画装饰。

∴ 脱离罗马规范的柱

名 作 分 析

比萨大教堂、斜塔和洗礼堂

Pisa Cathedral / Campanile / Baptistery

（1063—1092年）

意大利・比萨

∵ 比萨大教堂建筑群

虽然比萨以钟楼倾斜而闻名于世，但比萨的教堂、钟楼及浸洗礼堂是一体的建筑群，建于11—13世纪。建筑群以教堂为主，教堂有钟提醒信徒听道做礼拜，较富裕的教区会另建钟楼及精美的浸洗设施，以展示气象。可以说是一种宗教形象工程。

在芸芸罗马风宗教建筑中，比萨这一组的装饰艺术比较丰富。它们的共同特点是以柱廊和非结构柱子为主要装饰；都有壁柱，第一层尤其明显；外墙装饰很细致，砖艺明显是受拜占庭影响；墙壁以白大理石贴面，以马赛克、彩色大理石几何图案装饰。内部布局合乎罗马风的常规，辉煌的装饰虽然未必是初建时的原样，但仍然可见拜占庭和罗马风与后世风格的交融。

11世纪时，比萨离海很近，是海运贸易繁盛的邦国，经济条件比其他地区富裕，因此装饰也较丰富华丽。

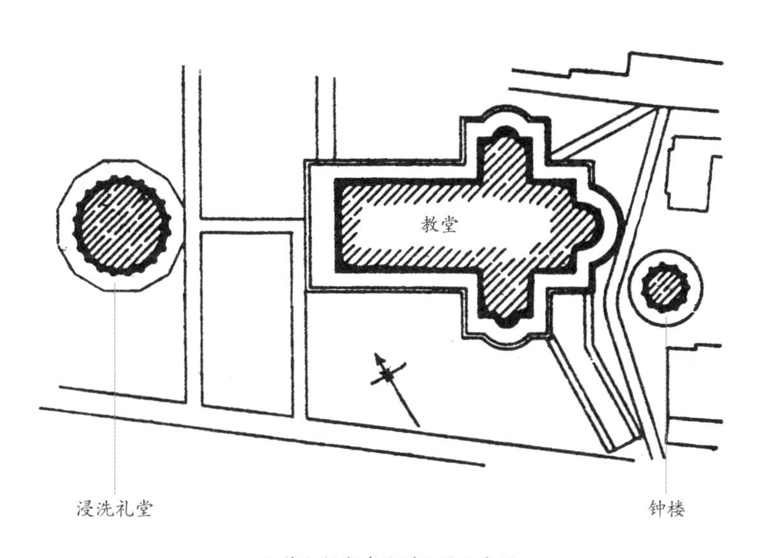

∴ 比萨大教堂建筑群位置示意图

∴ 柱廊装饰上部

∴ 雕塑手工十分精细

∴ 比萨的壁柱，装饰艺术丰富。

∵ 斜塔本来是钟楼

钟楼（斜塔）

1174年建的世界闻名的斜塔本来是钟楼，直径约15.4米。现在顶部的钟塔（belfry）是1350年加建的。虽然它的塔身已足以支持整个建筑物，但它的外围仍有一圈柱廊作为装饰。

斜塔外墙由四个弧形砖礅组成，能够不受冷热变化及承重的影响，保持圆形完美，略后期修建的浸洗礼堂亦如此。这有工程学上的意义，可知当时已知道如何解决热胀冷缩的问题。

整体装饰很细致，不要光从斜度和伽利略做实验的角度去看它。

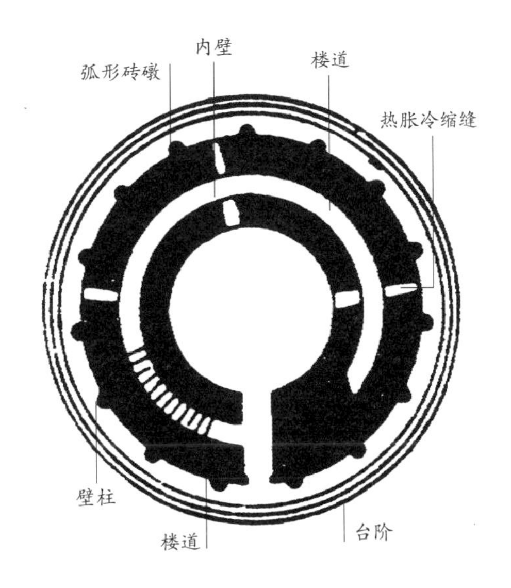

∴ 钟楼平面图

教堂

外观看点

建于1153–1278年。

绕一周看，很清楚见到教堂是十字架形平面，有突出的半圆形圣殿。进口的立面可见到金字形木结构屋顶，至于屋顶最高的椭圆形穹顶是后加的，不是原来的建筑构件。虽然教堂整体看起来是白色外墙，但是细心看，墙上有不同颜色的大理

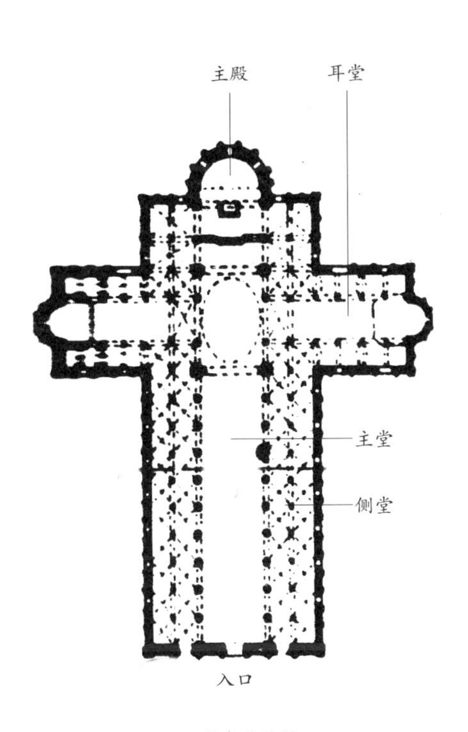

∴ 教堂平面图

∴ 墙上有不同颜色的大理石铺砌的各种几何图案

石铺砌各种几何图案。进口有彩色大理石图案，门上拱顶有金色马赛克；最属这教堂标志的，是进口的立面以四层柱廊装饰上部，可见当时柱廊作外部装饰的风尚多么流行。虽然四层柱廊有点繁多，但上面的装饰很细，值得欣赏。

内部看点

一进教堂，可以见到用排柱分隔出主堂和侧堂的布局，砖石结构的承重墙及大理石贴面，设计多样的柱、柱和柱之间作装饰的同心圆（半圆）拱顶，最远处有半圆的圣殿，抬头是木格子天棚，都是罗马风建筑的特色。

比萨教堂的室内装饰很有名。圣殿及两侧墙上的马赛克宗教画、柱上的贴面装饰等，均是典型的罗马风装饰风格，但很多地方都见到巴洛克式的装饰，相信是后来加上

∴ 教堂的室内装饰很有名，是典型的罗马风装饰风格。

的。例如，在左侧一角的圆形讲坛以兽躯承托柱子的雕塑，明显是后来巴洛克前期（Proto-Baroque，1500-1600年）史称人文主义（mannernism）风格的作品。

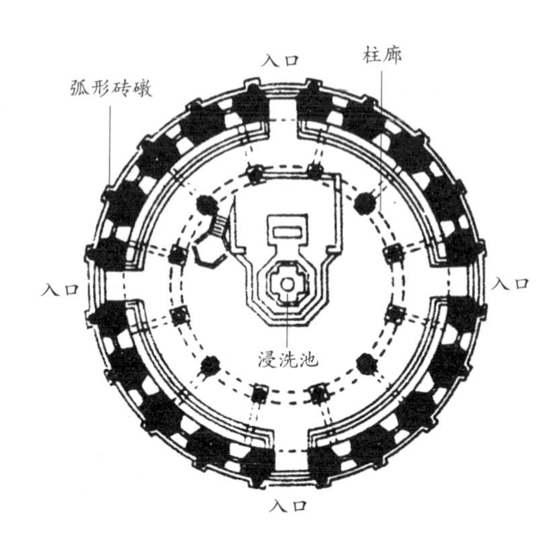

∴ 浸洗礼堂平面图

浸洗礼堂

这座建筑建于1153-1278年。

外观看点

这是个直径约34.5米的圆形建筑物，以浸洗礼堂来说，是相当大的；外墙由四个弧形砖礅组成，能不受冷热变化及承重的影响，保持圆形完美，这有工程学上的意义。穹顶呈圆锥形，比较罕见。

在比萨这一组三间建筑物里，浸洗礼堂的砖艺最特殊，装饰也最丰富和细致。立面上的圆形穹顶（即非锥形的部分）及上层的哥特式（三角形尖顶及雕饰）装饰，是14世纪后为了丰富穹顶造型和外墙装饰而加的。留意第二层柱顶，柱头多加一层人头装饰，相信是圣贤的雕像，也具欣赏价值。

∵ 浸洗礼堂的穹顶呈圆锥形，比较罕见。

∴ 浸洗礼堂的砖艺最突出，装饰丰富而细致。

内部看点

浸洗礼堂内部改动较少，可以欣赏到比较原汁原味的罗马风装修风格。

中堂直径约18.5米，和两层高的侧堂之间，以八条柱子组成的柱廊作分隔，区分出洗礼和观礼的空间。

抬头可见穹顶本是锥形的。侧堂的第一层天花，可以见到肋拱穹顶，不过似乎是装饰性的。

其他罗马风著名建筑

伦敦塔（The Tower of London，11世纪）

英国·伦敦

除了那些在白塔（White Tower）顶部类似士兵头盔的穹顶是受到当时的拜占庭艺术影响外，伦敦塔的其余部分都是从古罗马防御措施蜕变出来的建筑风格，简约、粗犷、实用，外墙多以石材为主，以扶壁加固，这种建筑特色，是由法国北部诺曼底（Normandy）的诺曼人带入英格兰的。

∵ 伦敦塔

∴ 圣玛利亚教堂

圣玛利亚教堂（Basilica of Santa Maria dei Servi，11—15世纪）

意大利·锡耶纳

撇开华丽的装饰，炫耀财富的构件，要看罗马风时期大部分在意大利的罗马天主教建筑风格，这便是了。

锡耶纳是内陆城市，缺乏海上贸易的收入，经济条件自然比海滨城市差。从外观来说，一个不事装饰的入口，除正立面的玫瑰窗外，设计处处显示简约，虽然经过多次复修，仍保持当年的模样；但室内却已看不到原来的模样了，耳堂和神殿是哥特的，主堂和侧堂则受文艺复兴时期的影响。

使徒教堂（The Church of the Apostles，1220年）

德国・科隆

10世纪以前，德国仍是众多没有宗教、各自为政、部族相互征战的地区，甚少与区外接触。11世纪以后，基督教和罗马建筑文化才迂回地从莱茵河流域通过法国进入德国萨克森（Saxony）地区，科隆是第一站，因此多少也带一点法国建筑的特色。

使徒教堂是罗马会堂（Roman basilica）式布局，三叶式的祭堂在东，不知何故，进口却不在西面，而是罕见地安置在北面侧堂的中央。建筑仍然是罗马的工艺，材料取自莱茵河山谷一带；造型是由多个大小高低不同的圆锥体和多边形的塔形建筑附在会堂周边而成；塔顶的设计是莱茵河流域的建筑特色。

:· 使徒教堂

里斯本大教堂（Lisbon Cathedra，12—14世纪）

葡萄牙·里斯本

这是里斯本现存最古老的教堂。

自西罗马帝国解体后，里斯本是罗马教廷主教的驻地。8—12世纪葡萄牙被来自北非信奉穆斯林教的摩尔人（Moor）统治，里斯本教堂是为了纪念阿方索一世（Alfonso I）于12世纪中叶带领葡萄牙人击退摩尔人，并在他们的寺院原址兴建的。

∴ 里斯本大教堂

教堂的平面仍是罗马会堂式，布局与同期法国巴黎圣母院相若，中堂的拱顶、侧堂的柱廊、玫瑰窗、退装的进口和窗户等，均是典型的意大利罗马风建筑特色。外墙不像一般的教堂，而是防御工事模样，进口两旁钟楼更像堡垒，都是为了抵抗摩尔人的反攻而设计的。

教堂的哥特形式皇家宗祠和回廊都是14世纪后才加上的。

MARIAE
NASCENTI

6 哥特

Gothic

哥特建筑给人高、直、尖的第一印象，直插云霄的造型，体现了宗教精神强调的崇高感。

哥特建筑和四五世纪时把罗马打得一塌糊涂的哥特人（Goths）没有关系。它是文艺复兴时，意大利史学家对12—16世纪西欧各地脱离罗马传统建筑的潮流的贬称。

哥特建筑是从今天法国北部开始的，13世纪后蔓延于欧洲大陆，当时欧洲还处于神权很重的中世纪。其中进入英国的哥特建筑，不知什么缘故，统称为垂直建筑式（perpendicular style）。

哥特建筑标志着欧洲建筑的一次大转变。明白这个转变的前因和后果，对欣赏繁花似锦的哥特建筑风格，是个重要基础。

建筑风格的成因

半开化的日耳曼小邦国经过漫长混战，开始出现较大的王国（你就想象等于由春秋变成战国吧）。其中法兰克王国最强，它在教派争执之后才皈依基督教，所以跟罗马教廷关系好，教廷亦要它保护。由于北方农业技术改革，11世纪时，人口大增，城市和商业兴起，在城市大量兴建宗教建筑。虽然法兰克王国也起起落落，管治水平不高，但这时已经发展成权力较集中的国家，在建筑风格的新变上，亦处于领先地位。事实上，早于10世纪，法兰克王国的宗教建筑就已经出现哥特建筑的元素了。

哥特建筑给人的第一印象是高、直、尖。强调垂直线条，整个建筑物的造型好像直插云霄，体现了宗教精神强调的崇高感。

这种风格与尖拱有很大关系。引入尖拱是一个划时代的转变，有人说它来自西亚伊斯兰教建筑，是十字军从西亚学来的，也有人说罗马风时期也用过尖拱。无论如何，尖拱代替了罗马的半圆拱（semi-circular arch），突破了罗马建筑的传统规制，突破了圆拱建筑的种种限制，尤其是高度的限制。

此外，从罗马风时期累积下来的肋拱技术和经验，使建筑师对建筑结构有更全面的认识，这时的工匠也充分掌握了砖石工艺的应用技巧、骨架结构的灵活性以及尖拱的特质，三者配合应用，不但创造了新的建筑风格，在空间规划和平面布局上也更灵活。这个把结构和装饰融为一体的建筑风格，在近代钢筋混凝土使用之前已达到了历史的高峰。

这时期留下的经典建筑物，主要是教堂和重要的政府设施。

由于各地的地理环境、气候、自然资源和社会条件不同，虽然同为哥特建筑，但是材料、建造方式和艺术风格也会有差异。

建筑特色留意点

结　构

·尖拱（point arch）和向高尖发展的风尚：两圆心的尖拱源自西亚的伊斯兰建筑。罗马的圆拱的承重概念是把重量垂直向下传送，尖拱是把重量横向传递（传递多少重量视乎拱的跨度），所以承重能力比圆拱强，建筑物也就可以盖得更高。

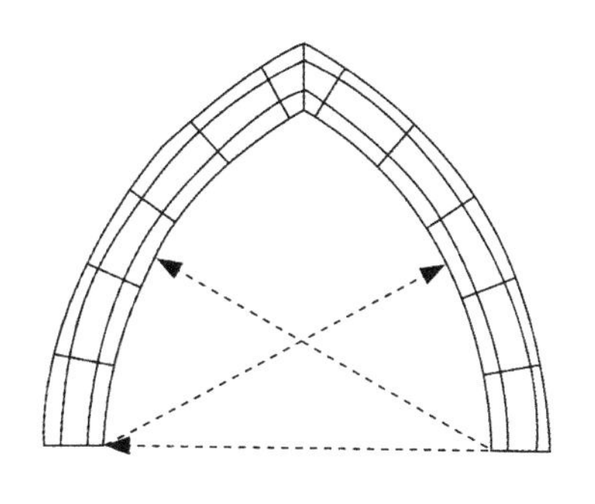

∴ 尖拱

·哥特建筑名称的由来·

有两个说法：一种说法是15世纪前，欧洲所谓的文明人都是以希腊罗马文化为主流，未被罗马征服或是威胁罗马管治的部族，被统称为野蛮的日耳曼人（GERMANICS）——蛮族。其中哥特人对罗马帝国冲击最大，因此日后被意大利人当作粗暴野蛮的代表。

另一种说法是，哥特人早在公元5世纪前已信了基督教，但对基督有没有神性的看法，教义上和罗马教会不同。此外，在文学艺术的理念上和传统的罗马风格也大有差异。因此，文艺复兴时期常用“哥特”一词比喻离经叛道、推翻传统秩序的捣乱者等。

·纤巧的石造飞扶壁（flying buttress）：高耸入云的建筑物的重量透过尖拱横向传到扶壁，这时候，石造的飞扶壁取代了拜占庭的笨重的砖扶壁。由于石的硬度和承重能力都比砖强，因此建筑构件可以比较纤细，不像砖扶壁那么笨拙，反而像翅膀之于雀鸟的身体似的，令建筑物看来活泼而有动力，所以美称为飞扶壁，成为哥特建筑的独特建筑艺术。

∴ 飞扶壁

·尖塔（pinnacle）：据记载，尖塔也是受西亚建筑启发的。挺秀的尖塔配合活泼多变的尖拱，造型效果和罗马风的平稳、雄浑截然不同，符合脱离罗马风格的时代要求。除了装饰作用，尖塔也有它的功能：一方面，增加建筑物的高度，使人远远便可以看到；若作为钟楼，钟声可以传得更远；另一方面，附加在建筑构件如飞扶壁上的尖塔，有助于减轻侧推力，有平衡整个结构框架的作用。

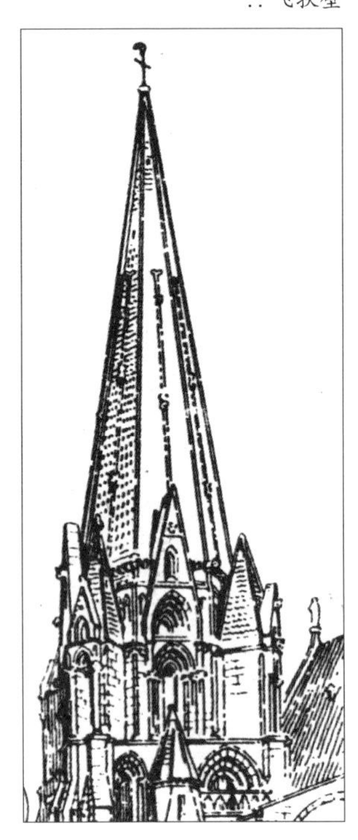

∴ 尖塔

布局和高度

平面布局仍然是罗马的会堂（basilica）系统，但尖拱的使用彻底改变了传统建筑造型上的限制。圆拱若要建得高，必须跨度大，尖拱则不必，令平面大小相同的建筑物可以向上发展，建得很高。

内 部

·**拱顶（Vault）**：罗马以来的半穹顶和罗马风时期已开始发展的肋拱顶在大堂和侧堂的天花板，造成形态多变、装饰精巧华丽的拱顶。

·**花饰格窗（tracery window）**：骨架结构负起重量，加上建筑物盖得更高，于是墙壁的位置可以灵活地转为更高更大的窗户，让更多自然光线进入，改善了以往光线不足的缺点。同时，改进了的染色玻璃技术和精巧细致的石雕窗格为窗户带来丰富的装饰效果。

∴ 花饰窗格

名 作 分 析

巴黎圣母院
Notre Dame de Paris

（1163—1250 年）

法国 · 巴黎

∵ 在圣母院的侧面可以看到尖拱、尖塔、扶壁等哥特风格。

∴ 正门上面有圆形玫瑰窗，是罗马风的遗存。

教堂矗立于巴黎的中心，是老巴黎的象征，据说巴黎到外地的距离就是以圣母院的广场作为起始点的。巴黎圣母院始建于哥特建筑初兴的时间和地方，是开创性的建筑物，无怪乎被视为哥特建筑的代表作。加上法国大文豪雨果的小说《巴黎圣母院》的名声，使它成为游人必到的参观点。

圣母院是法兰克王国的路易七世为了树立国都巴黎是欧洲政治和文化中心的形象，和教皇亚历山大三世共同倡议修建的，在12—14世纪是欧洲各地教堂建筑的典范。路易七世曾率领第二次十字军东征，虽然没有什么成果，但可以知道当时法兰克王国称雄的企图心。而圣母院则可说是体现这种企图心的建筑。

教堂从1163年开始兴建，由多个著名建筑师先后接手，近二百年才建成。

∵ 门洞上的层层雕刻

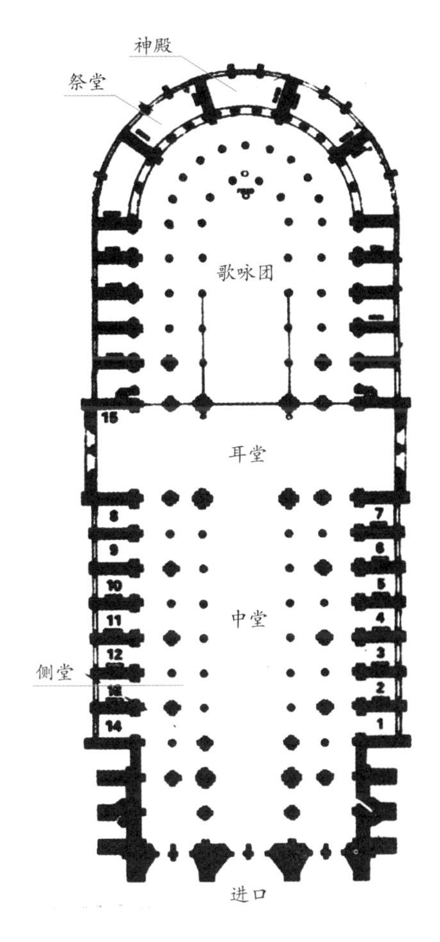

∴ 圣母院平面图，显示已摆脱了罗马建筑承重墙结构的影响。

外观看点

当你来到塞纳河畔，在教堂前的广场上，面对圣母院，如果你觉得它不像你印象中的哥特建筑那么拔地而起，尖顶直竖，而像科隆大教堂或英国国会那样，不要忘了这是早期哥特建筑，哥特风格还未发展到极端。圣母院已经完整体现了哥特的新精神，又融合了罗马风的不少元素，而且融合得天衣无缝，这也是它值得欣赏的地方。

圣母院朝西，这是哥特式教堂的基本朝向。正面三间，底层是三个尖拱的进口，三个深深的门洞上有层层雕刻，在正门上面有圆形玫瑰窗，这都是罗马风的遗存。南北两个对称的钟楼，有高窄的尖拱开口，装饰柱上突起纤巧的石雕装饰，你已经见到哥特风格的面貌了。钟楼和第二层之间的装饰带，是一列连拱廊，外墙用拱廊装饰虽然是罗马风的常用手法，但细巧的柱身和雕饰透露出哥特的味道。从正面你还可以窥见主堂的塔尖。

顺便看看立面第二层和底层中间装饰带上一列28个国王雕像，这是当年王权和神权紧密关系的例证。

爬上钟楼俯瞰的话，除了近观精巧的石雕，还可留意檐角的那些滴水怪兽。这些中世

∴尖塔和飞扶壁，要从外侧和后面才能看到。

纪怪兽一度因为不符合后来的审美趣味而被搬走，后来才重新装上。

不爬钟楼的话，不妨好好绕一圈来看看圣母院吧，尤其是有名的飞扶壁，那是要从外侧和后面才能看到的。

转到侧面，可见到教堂保留了罗马风的金字形木结构屋顶，但又竖起很多尖塔，大小不同的尖塔，统一了整体建筑的风格，也加强了垂直造型的视觉效果。在主堂和耳堂交叉点上没有用传统的穹顶（dome），而是建了一个大尖塔，使建筑物看来更高。原塔在1250年完成，内藏七个钟，与正立面的南北钟楼组成钟楼群。这许多大小不同的钟，可谱成不同的钟声组合，数世纪以来，一直为巴黎市民传送宗教活动的讯息。原来的尖塔在18世纪末倒塌，现在看到的是19世纪法国建筑大师勒杜克（Villet-le-Duc）的作品，已不作钟楼使用，而成了教堂的避雷装置。塔里放新约四福音传播者（马可、路加、约翰、马太）的雕像；塔尖的雄鸡是教廷送的，象征法国人受到宗教庇祐。

飞扶壁支撑着教堂沉重的屋顶和墙身的骨架，但造型轻巧活泼，充满动感。在

·飞扶壁的功能和艺术·

飞扶壁结合两个概念，罗马建筑的笨重砖扶壁和肋拱的骨架。这在建筑史上有多重意义：首先，使骨架和扶壁连为一体，摆脱了以往承重墙结构的局限；其次，现存的飞扶壁是经过多次失败、调整、尝试后的成果，这个骨架结构的技术概念对日后的建筑发展影响深远。

∵飞扶壁和它们上面的神龛

☆小提示

如果你从侧面无法轻易看见全貌，可以跑到河对岸的square Jean XXIII公园。

落地一侧的顶上，或做成圣像龛，或做成矗立尖塔，增加重量，帮助抵消侧推力。它是最容易看明白结构和装饰艺术怎样融为一体的例子，有兴趣于建筑和创意艺术者不要错过。顺便一提，除了圣母像，其他圣像的龛都放在室外，也是圣母院的特色。

圣母院利用尖拱、尖塔、扶壁、花饰格窗和精巧细致的石艺等创造出哥特的新风格，在圣母院的侧面你可以细细品赏。

内部看点

走进教堂，马上感觉到和教堂外截然不同。教堂里装修简约，石工艺仍然相当细致，墙上却没有任何贴面，更没有繁复的装饰。

布局是在罗马建筑传统的长方形会堂（basilica）加上耳房，大堂由两排柱划分为主堂、侧堂，最尽头是神殿；但是尖拱顶创造出来的空间，对中世纪的人来说，既高大又深邃，高大的窗户令教堂内部光线充足。墙上不用壁画和马赛克镶拼画，改用新流行的染色玻璃，将宗教故事画装嵌在窗户上。彩色的窗户装饰和简约的石构件形成强烈对比，在透过窗户的自然光气氛下，使人感觉到宗教力量的伟大，对神产生敬仰之情。

留意最大的玫瑰窗有十米直径，以圣母圣婴为题材，是13世纪的原物。

∵ 尖拱的内部

∵ 圣母院的各种花饰窗格

∴教堂里装修简约，高大的窗户令教堂内部光线充足。

名 作 分 析

圣母百花大教堂

Florence Cathedral（S. Maria del Fiore）

（1296—1462 年）

意大利 · 佛罗伦萨

∵ 圣母百花大教堂全景

这间教堂应该算什么风格的建筑呢？这座主教堂被喻为欧洲第四大教堂，是佛罗伦萨的象征。它的建筑风格实在有趣，有人说它是文艺复兴建筑，也有人认为它是罗马风，甚至是复古建筑，但大部分建筑史书都把它列入哥特建筑的范畴。

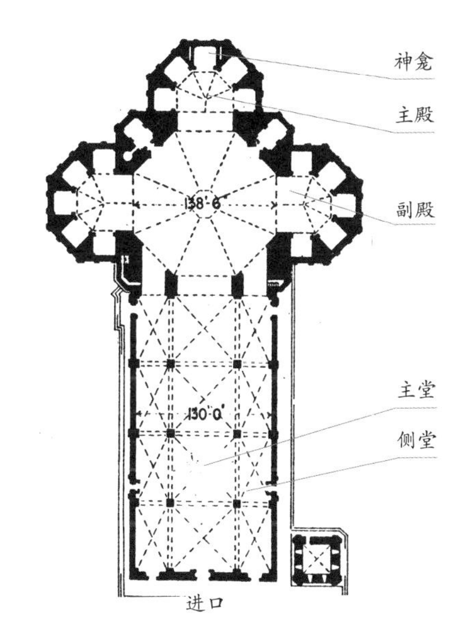

∴ 圣母百花大教堂平面图。建筑是框架和承重墙的结构混合体，圣殿及耳房部分明显受罗马神庙建造方法的影响。

哥特风格在欧洲各地由于地理环境、气候、自然资源和社会条件不同，因而建筑材料、建造方式和风格也有些差异。圣母百花大教堂可以反映意大利对哥特建筑的反应，尤其是佛罗伦萨是接下来的文艺复兴的发源地，更使这个哥特建筑大流行时建造的佛罗伦萨主教堂颇堪细味。

圣母百花大教堂于1248年开始筹建，在1296年至1462年分段完成，前后共214年。期间，西欧正笼罩在一片“去罗马化”的热潮中，应时而生的哥特建筑风格很快蔓延各地区。但意大利和古罗马渊源深厚，当地人对祖先文化仍然怀着深厚的感情，而且受教廷的影响比其他地区较少，因此哥特的风尚在这地区难以扎根。

不难察觉到这教堂的创作反映了当时意大利人在旧文化和新浪潮的冲击下，思想复杂和矛盾，对哥特建筑欲拒还迎。

∴ 教堂的正面

外观看点

这是一组有主教堂、钟楼、洗礼堂的建筑群。虽然建筑群在佛罗伦萨热闹的市廛里，不容易一窥全局，但教堂那大得与其他部分不成比例的穹顶，非常引人注目。

教堂经过几代建筑师之手，原规划是由甘比奥（Arnorfo di Cambio）设计的，平面仍采用传统的十字形布局；规模较小，立面造型没有任何垂直线条的特征。现教堂是甘比奥死后，乔托（Giotto）、皮萨罗（Andrea Pisano）和泰伦蒂（Francesco Talenti）分别接力，原计划于15世纪20年代建成。

硕大的穹顶是1436年完成的。

建教堂的时期，佛罗伦萨还是共和国，而且正与邻邦那些制度不同的大公国等激烈竞争。在这一历史背景之下，教堂虽然即将完工，国会仍要求在主堂和耳堂交汇的地方建一个全欧洲最大的穹顶，以彰显共和国家的地位。于是公开征求方案，最后选择了熟悉古罗马建筑的布鲁内莱斯基（Filipp Brunelleschi）的方案。他以古罗马万神庙的概念，把圣殿和侧殿的穹顶结合为教堂的主体。穹顶呈八角形，为了使它更高更大，采用了罗马风的肋拱技术和当时流行的尖拱造型。

这样的结构，本来要以飞扶壁来支撑巨大的侧推力，但为了抗拒哥特热潮，布鲁内莱斯基巧妙地像箍木桶那样，用铁环钳紧整个穹顶结构，于是穹顶坐落在12米高的鼓座上，直接由组成外墙的巨大柱墩来承托。

∵ 硕大的穹顶和上面的透光亭

在这个以圣殿为主的概念下，原来的主堂像罗马万神庙的门厅（portico）一样，变为辅助圣殿的功能；此外，穹顶中央还保留了万神庙的透光洞，现在看到的透光亭是稍后由麦阿诺（Gialiano da Maiano）加上的。难怪有人认为这个教堂是复古主义的建筑，意大利文艺复兴序幕的作品。明白这个概念，见到那个异常大、与其他建筑构件不协调的穹顶，便见怪不怪了。

除了透光亭的尖顶外，整幢建筑物找不到哥特式尖塔。本来设计成尖塔顶的钟楼，也被改为平顶了。可见当年西欧“去罗马化”风吹得越烈，佛罗伦萨对哥特风格反抗就越大，越向古罗马及罗马风取经。但令人费解的是，为什么教堂以罗马式半圆拱顶为装饰主题，却又在窗、门和圣像龛加上哥特风格的尖拱装饰？更不合理的是，罗马风建筑

∴ 浸洗池的东门“天堂之门”

∴ 浸洗池

因应它的承重结构特色，窗户应该是窄高和半圆拱顶的，为什么百花教堂的窗是截然不同的哥特建筑样式——尖拱顶花饰格窗？实在耐人寻味。

整个建筑群的外墙装饰是19世纪完成的，在横向的组织下加上竖向的图样，这个组合还颇有哥特风格的味道吧？外墙贴面和图案以红、白、绿三色的大理石为主。原来佛罗伦萨是托斯卡尼区的首府，这一区以出产最优良的大理石著名，这三色的大理石分别来自辖下的锡耶纳（Sienna）、卡拉拉（Carrara）和普拉托（Prato）地区，佛罗伦萨主教堂用这么有代表性的大理石颜色来装饰，看看今天意大利国旗的颜色，大概也不无关系吧。

外墙的装饰和雕塑都值得欣赏，特别是洗礼堂的东门，这件吉贝尔蒂（Lorenzo Ghiberti）作品，被文艺复兴大艺术家米开朗基罗誉为“天堂之门”，不应错过。

内部看点

走进主堂，马上发觉自然光不足，原因是用承重墙结构，所以窗户较小，反而圣殿光线较为充足。明暗对比，反映教堂是以圣殿为主体，布局仍是罗马风的格局。

内墙简单朴实，白色粉刷，配上横向装饰线条。最特别的是所有门洞、窗洞、神龛等都不是罗马风的半圆拱，而是哥特的尖拱；尤其是主堂和侧堂的上空都是肋拱式尖拱顶天棚，和哥特建筑最相似。原来圣殿南北两旁的副殿和主坛（apse）改为15个神龛，也是圣母百花大教堂的一大特色。

看来，佛罗伦萨对抗拒哥特建筑仍留有余地吧！

∵ 穹顶内部

其他哥特著名建筑

科隆大教堂（Cologne Cathedral，1248—1880年）

德国·科隆

大概是因为德国人比较实用，认为那些尖塔式的建筑构件和充满花巧烦琐装饰的哥特建筑风格没有罗马风的实用，因此到了13世纪中叶，哥特建筑在法国发展到高峰期，德国人才勉强引入。

科隆大教堂便是一个好例子。原设计无论是平面布局、进口位置、长宽高低比例、飞扶壁等建筑构件都明显地直接效仿法国亚眠大教堂（Amiens Cathedral），或是囫囵吞枣从其他地方拿来拼合。

教堂在1248年动工，不知什么原因，工程于1473年尚未完成便中断了。现在看到的是在19世纪末复工后完成的模样，和最初的设计有很大差别。

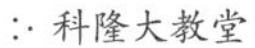

∴ 科隆大教堂

∴ 圣斯蒂芬教堂

圣斯蒂芬教堂（St. Stephen Cathedral，12—15世纪）

奥地利·维也纳

虽说德国人不喜欢那花哨、不够实用、由法国进口的哥特建筑风格，但那时候毕竟风气所趋，德国人索性把哥特和罗马风混合起来，创造出一个大堂式教堂（Hall Church），在欧洲东部很受欢迎。13世纪中叶，维也纳与德国关系密切，亦有很多德国人移居于此，受到他们的影响，圣斯蒂芬教堂便是典型的大堂式教堂例子。

大堂式教堂保留了哥特式的尖塔、垂直的艺术风格和花格子窗，但装饰较为简约，也采用了罗马风教堂的平面布局，而原来的柱廊改为列柱，主堂和侧堂的长宽高度相同，这样，建筑结构比罗马风的更容易处理，哥特式的飞扶壁就不用了。

由于地理环境关系，教堂的金字屋顶比哥特的更陡峭，屋顶上的彩色瓦片和图案十分美观，是维也纳的特色。

米兰大教堂（Milan Cathedral，1386—1897年）

意大利·米兰

14世纪末，意大利分裂为众多小邦国，罗马教廷对这些邦国的影响甚微，教宗也迁往法国境内；法国是区内的政治军事强国，俨然是意大利区的政治领袖，要求区内主要城市都要建一座哥特式教堂。

米兰大教堂便是在这个政治环境下筹建的。可是，米兰人对祖先的文化仍有深厚感情，对哥特建筑并不热衷，工程进度缓慢，直到19世纪才由法国的拿破仑建成。

表面看来，哥特的建筑特色一应俱存，不过垂直的效果却处处被横线割断，飞扶壁被隐藏在侧堂的上空。虽然屋顶满布哥特式的尖塔，主体却是罗马建筑的低金字顶；正立面配上哥特装饰，但毋庸置疑是罗马风的风格。

米兰人在大教堂的设计上巧妙地避开了外来文化的干预，是对强权阳奉阴违的有趣建筑实证。

∵ 米兰大教堂

7 巴洛克

Baroque

巴洛克为创新、感动和华丽的代名词；到近代，更被用于炫耀财富和地位的建筑符号。

巴洛克是西方文艺复兴期间意大利地区的建筑风格潮流。自15世纪起，欧洲政治、宗教环境急速转变，文艺思潮摆脱中古的束缚，文学家和艺术家纷纷回到古典文献中寻找新路向。

十六七世纪是意大利文艺复兴运动的最活跃年代（High Renaissance），或称前巴洛克时期（Proto–Baroque）。这时期，文艺思想百花齐放，新旧理念兼容；创作手法因理念而异，表达方式亦各有不同。总的来说，可以分为两派：国粹派（Purist School）和人文主义（Mannerism）派。国粹派重新整理、诠释和演绎古典理念，又称为复古派；后起的人文主义派则不守古典法章，甚至刻意扭曲原意来刺激感官、诱发鉴赏者的想象力。

反映在建筑上，国粹派以古罗马建筑的各种法则为规范，风格严谨、稳重、安详、冷静，代表人物是帕拉迪奥（Palladio）；人文主义派则以米开朗基罗（Michelangelo）为首，风格活泼，充满动感和创意，史称巴洛克风格。两派争雄，互相促进，到18世纪，就是巴洛克的天下了。

·巴洛克名称的由来·

巴洛克（BAROQUE）之名的来源说法不一，有说源于葡萄牙语BARROCO，也有说源于拉丁语BARBAROUS。无论哪个说法，巴洛克都是不规范、野蛮、荒谬、愚蠢、奇形怪状的意思，被认为是离经叛道的创作行为。最初出现在音乐和艺术中，渐渐融入建筑。在宗教改革期间为罗马教廷采用，之后流行于欧洲各地，成为创新、动感和华丽的代名词；到近代，更被用于炫耀财富和地位的建筑符号。米开朗基罗（MICHELANGELO）和达·芬奇（DA VINCI）都是该风格早期的代表。

建筑风格的成因

15世纪是欧洲由封建和宗教的中古时代过渡到现代的关键时期，约相当于中国的明代。

印刷术经由伊斯兰世界，这时开始在欧洲传播。印刷术协助欧洲打破宗教垄断知识的局面；铜版印刷更大有助于艺术图样的流传。这时候也是欧洲航海技术突飞猛进的时代，南欧诸国积极向海外扩张，海上贸易和来自殖民地的庞大利益改变了经济模式。欧洲进入了求知和探索的年代；民智上升，经济改善，促使政治和宗教改革；中古的封建制度日渐式微，思想开放，思想家反思被束缚了多个世纪的文学艺术理念。

意大利的政治制度比其他邦国相对开放，宗教的影响也较其他地区小；更由于古罗马文化情怀从未减退，有大量古罗马建筑遗产，“去罗马化”的哥特建筑风格从未在意大利稳固扎根。遇上思想开放、社会面临各种改革的时候，建筑师自然重新钻研古代建筑。同一时期，东边的拜占庭帝国被突厥人消灭，大量希腊思想家、文学家、艺术家、建筑师等涌入意大利避难，使复兴运动的人才资源丰富。而宗教改革又为建筑师提供了创造新风格的契机。

早期的创作多是古建筑文化的再演绎，中叶以后，更摆脱了传统，创作思想自由奔放，以创作者的艺术理念为主流。

建筑特色留意点

为艺术而艺术

欧洲建筑师凭着多个世纪累积下来的经验，已经充分掌握砖石技巧，可以摆脱结构技术的限制。于是，15世纪的文艺界盛行“为艺术而艺术”的理念。建筑不再是盖房子的学问，而是表现艺术理念的创作，线条活泼，充满活力和动感，造型多变，颜色丰富，装饰华丽，讲求雕塑性、绘画性。通过构件组合，引导观赏者的视线到一个或多个焦点上。

重视建筑与环境的关系

空间不再是单独的组合，而是相互呼应的整体。建筑师所设计的不光是一幢建筑，他会着重建筑物之间的呼应和协调，园景也被纳入建筑设计考虑范围。传教士在中国圆明园设计的西洋楼和附属的建筑小品，也是巴洛克这种观念的例子。

灵活运用传统建筑构件

传统的建筑构件仍被采用，但不守成规；形态多变，随意组合，以追求戏剧效果为目的。

采光

刻意加工引入室内自然光线，经常采用隐蔽窗户，把光线引到设定的地方。

∴ 造型多变

∴ 线条活泼

∴ 装饰丰富

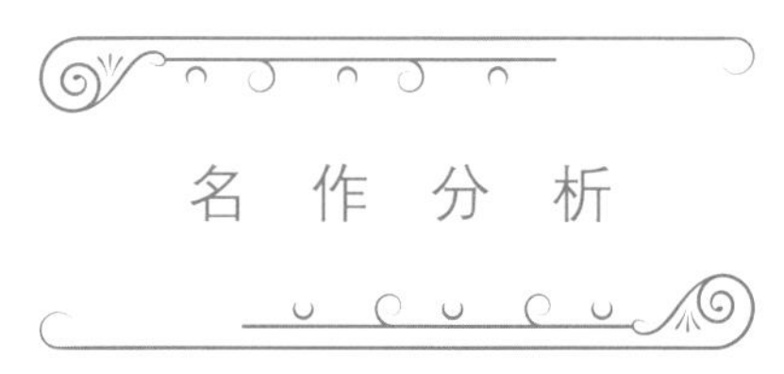

圣彼得大教堂

St. Peter Basilica

（1506—1626年）

意大利·梵蒂冈

设计师

布拉曼特（Bramante）、佩鲁齐（Peruzzi）、桑迦洛（Sangallo）、拉斐尔（Raphael）、米开朗基罗（Michelangelo）、贝尔尼尼（L.Bernini）等。

∵ 圣彼得大教堂外观

直到现在，圣彼得大教堂仍是基督教世界最宏伟的建筑。

倡议兴建的教宗尤利乌斯二世（Julius II）当时面对16世纪宗教改革，基督教分裂，他希望借大教堂彰显宗教的伟大及教廷的权力。

在1506–1626年工程期间，意大利的建筑潮流正是由“去哥特化”向古罗马学习、后又再脱离古建筑传统的时期。

圣彼得大教堂可算是该时期艺术理念的集体创作，是前巴洛克建筑潮流的代表作。最初的方案由布拉曼特（D.Bramante）设计，他被认为是国粹派，最后经艺术家拉斐尔（Raphael）和米开朗基罗（Michelangelo）等反复修改，他们被认为是巴洛克风格的领导者，属人文主义派。

至于那个著名的广场，是17世纪中叶后增建的，由贝尔尼尼（L.Bernini）设计。此时，意大利已进入巴洛克全盛时期了。

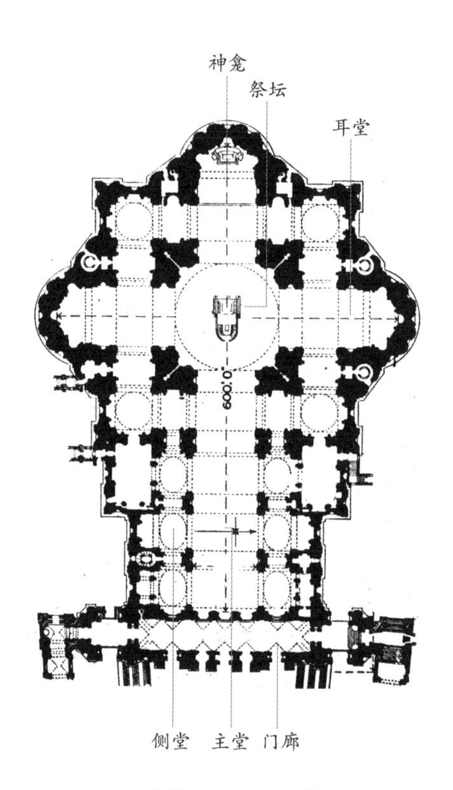

∴ 圣彼得大教堂平面图

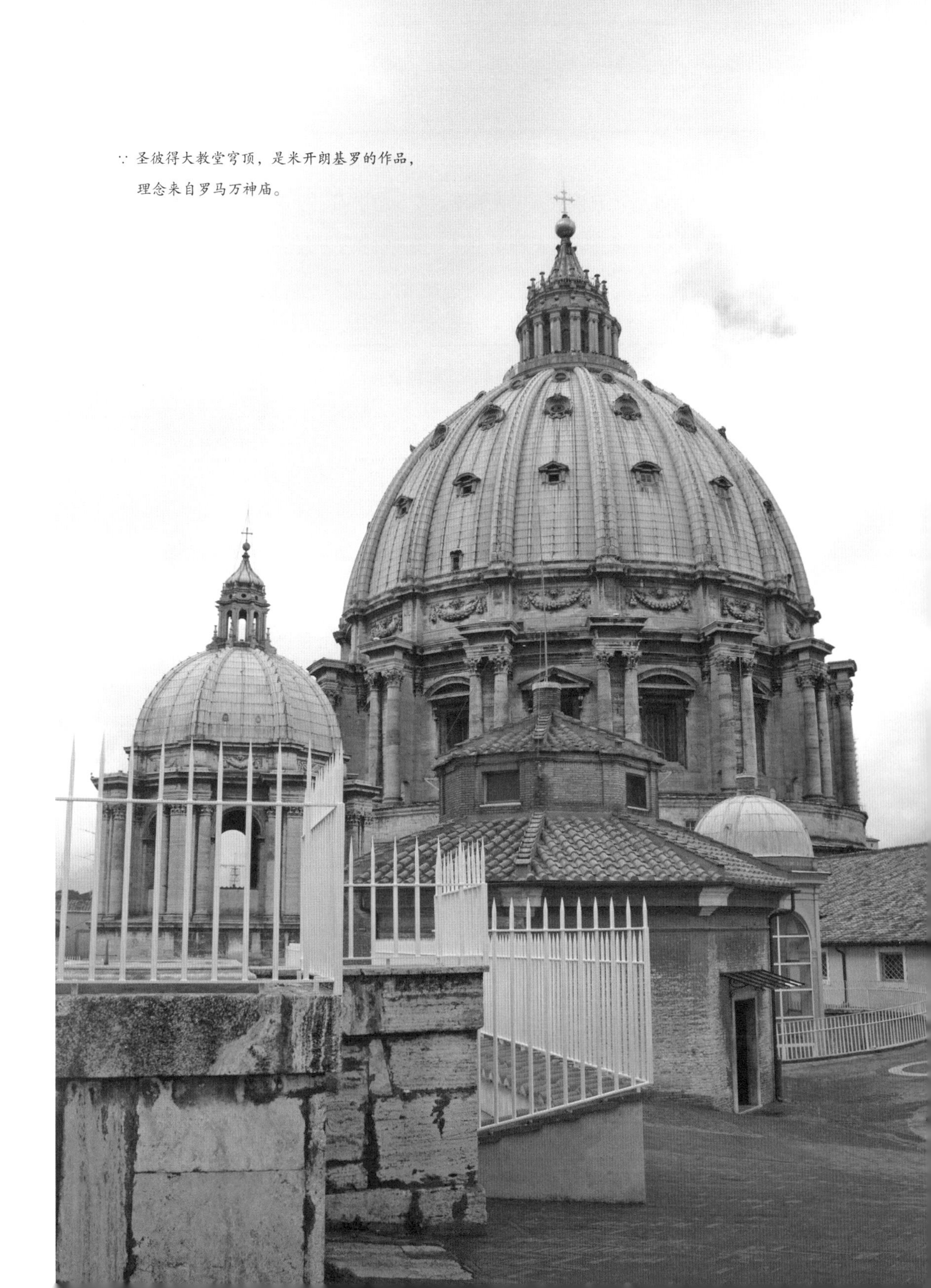

∵ 圣彼得大教堂穹顶，是米开朗基罗的作品，
理念来自罗马万神庙。

外观看点

走进巨大的广场，概念上已经进入了大教堂。广场的空间，是由教堂两旁伸延出来的柱廊包合起来的，有如把朝圣者抱在怀中。这个空间可说是教堂的延伸，是教堂对外向朝圣者祝圣的露天教堂，有多重空间意义。“说不清的空间”（ambiguous space）是巴洛克空间理念的特式。

包围广场的柱廊由284根大的托斯卡纳柱（古罗马建筑的柱式，见古罗马篇）组成，分为四排，高度虽不及教堂，但气派不比教堂正立面逊色，两者既在一起，又主客分明。

广场中央矗立着罗马帝国时期由埃及带回来的方尖碑（见古埃及篇）。虽然方尖碑没有宗教意义，但布局上，柱廊、喷泉组合和地面图案引导朝圣者的视线，使方尖碑成为第一个焦点。

方尖碑与教堂以中轴线联结。第二个视觉焦点，落在教堂立面中央的三角形顶饰，那是由古希腊神庙的山墙（pediment）演变而来的。本来，视觉的高峰点应是教堂的穹顶，不过，最初正十字形（Greek Cross）的教堂平面，经反复修订后，变成十字架形（Latin Cross），主堂加长，使得穹顶被主堂遮蔽了，只能在远处看到。若按米开朗基罗的原方案，穹顶和立面在视觉上结合起来，教堂更加壮观，气势也就更加磅礴。

教堂的立面主要构件是直径约3米、高约30米的科林斯圆柱和壁柱、6米多高的楣梁、10米多高的阁楼。体量巨大，造型宏伟，但并没有建筑、结构或使用功能上的实际需要，教宗在眺望台上祝圣，要站在栏杆后的垫台上，才可以让广场上的朝圣者看到。立面装饰华丽，凹凸明显，像雕塑般有立体感。

两端时钟的天使雕饰充满动感，是典型的巴洛克艺术风格。

穹顶是米开朗基罗的作品，理念来自罗马万神庙，但圆拱改为抛物线状，天眼上加了透光亭。建造方面，采用了多个世纪累积下来的骨板砖石结构和铁环加固技术。穹顶高33米，直径42.3米，落在15米高的座上，到教堂内部可以见到这个座由4条巨大的柱墩

∴ 圣彼得大教堂内的中央祭坛，高78米。

∴ 最高处是祭坛上的穹顶，逾100米。

承托。如果比较拜占庭的圣索菲亚大教堂穹顶，这个穹顶的垂直承重效果更好，因此，可以在穹顶上加上灯笼式天窗。可见巴洛克时期砖石结构的建筑技术已经成熟。此后，建筑潮流着重向人文和艺术性发展，直到工业革命发生。

内部看点

穿过宽短的门厅，到了主堂，身临其境的话，会感到空间豁然开朗，最宽处约137米，进深约182米，高大而深邃的空间，使参观者印象深刻。偌大的空间划分为主堂、侧堂、耳堂、祭坛、神龛等。高度错落有致，耳堂及祭堂均高约50米，之间的柱廊较矮，约25.5米，中央祭坛高78米，最高处是祭坛上的穹顶，逾100米。

其次是光线的雕琢，自然光分别从四方八面、从不同的高度，直接或间接地被设计者引导到规划的地方，例如，贝尔尼尼处理投射到圣彼得圣座的光线，明暗相间，塑造神圣的宗教气氛。

布局仍保持宗教的规制，但构件组合和装饰手法却不受传统束缚。交替使用古希腊的科林斯柱、古罗马式拱洞和半圆拱顶、拜占庭的柱墩、罗马风时期的肋拱穹顶，以至其他装饰样式，不拘一格，充分反映该时期为“艺术而艺术”的建筑风格。

此外，满布教堂内的雕塑、浮雕和壁画，都是巴洛克时期前后的各种风格的瑰宝，也是欧洲艺术发展史的文物。其中，贝尔尼尼的圣彼得圣座（Chair of St. Peter）、祭坛的铜华盖（baldachin），米开朗基罗的圣母哀子像，13世纪建筑师、雕刻家甘比奥（Cambio）的圣彼得加冕铜像等，不容错过。

∵ 圣彼得大教堂内，光线经过精心雕琢，用自然光塑造神圣的气氛。

名作分析

西班牙阶梯、广场及沉舟喷泉

Spanish Steps, Plaza, Fountain of the Old Boat

（西班牙阶梯：1723—1725 年；广场：1721—1725 年；沉舟喷泉：1627—1629 年）

意大利 · 罗马

设计师

喷泉：贝尔尼尼父子（Pietro & Lorenzo Bernini）

广场：斯贝奇（Alessandro Specchi）构思，桑克蒂斯（Francesco de Sanctis）完成

看起来简单的西班牙阶梯，显著表达了多个重要的巴洛克美学观念。

阶梯于1725年完成，这个规划是有宗教上的意义的，利用阶梯的方向作为引导，把圣三一教堂（Trinita de Monti）和远处的梵蒂冈连接起来。

环境效益是巴洛克艺术很重视的规划理念。在都市设计概念上，阶梯、教堂和广场（Piazza di Spagna）连成一体，主副分明，但从不同的角度看，又主副角度互调，相互衬托，构成不同的景致。

从广场往上走向圣三一教堂，沉舟喷泉是阶梯的起点，也是这个建筑群的第一个焦点。设计理念来自1598年台伯河（Tiber River）的一次大泛滥，当时广场的位置水深达一米，水退后，一只木舟搁浅在现喷泉的位置，沉舟喷泉令人联想到当日洪水的破坏力。“联想”是巴洛克重要的艺术理念。

阶梯规模夸张，是欧洲最宽和最长的阶梯，和当年的实际需要扯不上什么关系。阶梯分为12段，设计以弧线为主，造型仿真12柱水流从上而下缓缓流泻呈扇形，寓意朝圣者要逆流而上，才可以获得宗教的恩典，之后便可倾泻而下，把恩典带回现实生活中。像“联想”一样，“模拟”和“寓意”也是文艺复兴时期巴洛克的艺术手法。此外，阶梯造型华丽，和相邻的建筑风格协调，美化了环境。

圣三一教堂于1502年开始兴建时，采用哥特建筑风格。现在见到的立面是米开朗基罗的学生波尔塔（Giacomo della Porta）的作品，在前巴洛克时期，人文主义派的波尔塔做的却是典型的复古风格，可见两派互相影响。至于教堂前广场的方尖碑，传说是古罗马仿埃及的作品，阶梯建成多年之后才迁来。视觉上，它也是现建筑群的焦点。

∴西班牙阶梯，设计理念与前巴洛克时期的佛罗伦萨洛伦佐图书馆的阶梯相似。

∴ 圣三一教堂广场前的方尖碑，传说是古罗马仿埃及的作品。

其他巴洛克著名建筑

前巴洛克时期（1500—1600年）

洛伦佐图书馆（The Laurentian Library, 1525—1559年）

意大利·佛罗伦萨

图书馆分两期完成。前期于1525年开始，由米开朗基罗负责；工程于1534年一度停顿，1559年复工，由瓦萨里（Vasari）和阿曼尼（Ammanti）把米开朗基罗的艺术理念重新诠释完成。

∴ 洛伦佐图书馆

图书馆的门厅和进口阶梯最能代表这时期的艺术风格，大胆、夸张，富创造性。门厅四壁的古典构件装饰完全脱离传统手法；阶梯造型仿若从上而下的流水，寓意图书馆的读者要逆流而上，花一番气力才能达到知识的宝库。

∴ 美第奇圣殿

圣洛伦佐大教堂之美第奇圣殿
（The Basilica of San Lorenzo，1521—1534 年）

意大利·佛罗伦萨

大教堂和圣洛伦佐图书馆是同期的建筑，最值得留意的是美第奇圣殿内祭坛侧面圣器壁龛上的雕塑，两裸体的男女背对背地侧卧在一个弧形的龛顶上，神态自若，但身体的姿态却像向下滑似的，静中带动，这是米开朗基罗的创作，是了解他的艺术理念的一个好例子。

叹息桥（The Bridge of Sighs，1595—1602年）

意大利·威尼斯

从叹息桥的创作理念，可以知道戏剧效果如何通过艺术手法表现在建筑上。它是连接总督府（Dodge’s Palace）与监狱的过桥，建于文艺复兴的高峰期，原来是没有名称的。

桥身的弧线造型，是前巴洛克时期普遍采用的手法；全桥密封，石格子小窗令人不能看到桥里的情况，用信使的头颅做装饰，为建筑物营造神秘感。几百年来，有意或无意间都令人联想到犯人过了桥便永不回头，窗洞是他们最后看到世界的一瞥，因此被称为“叹息桥”。但事实并非如此，该桥于1602年完工时，连接的监狱只是用作短暂羁留一些犯小罪的人而已。

掌握观赏者的感觉，诱导他们的想象力，是巴洛克惯用的手法。

·: 叹息桥

巴洛克时期（1600—1760年）

四喷泉的圣卡罗教堂（The Church of Saint Carlo at the Four Fountains，1638—1641年）

意大利·罗马

∵ 四喷泉的圣卡罗教堂

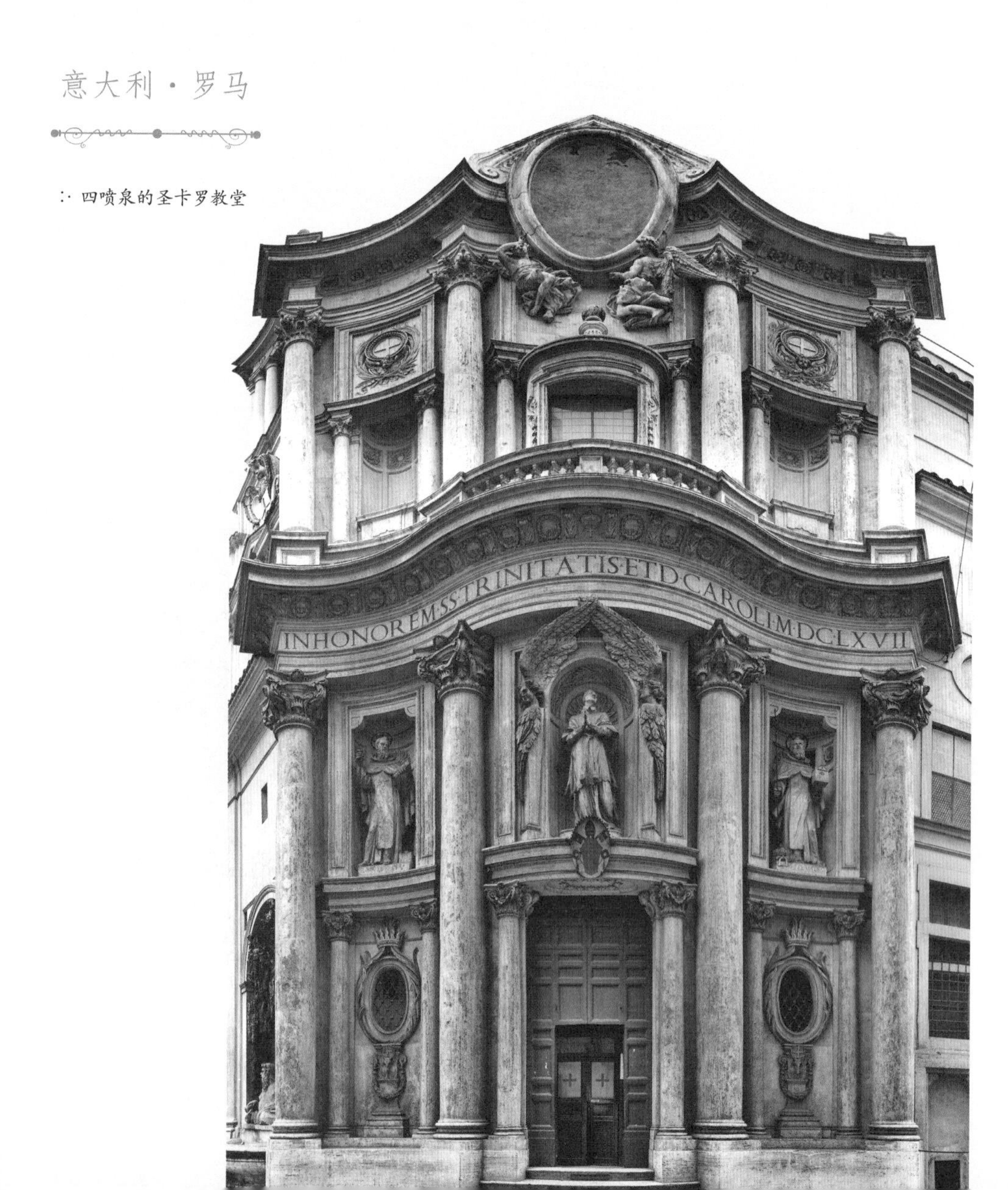

这个在巴洛克早期被誉为“巴洛克钻石”的小教堂背后有个有趣的故事。该教堂建筑师博罗米尼（Boromini）早年和小贝尔尼尼同在罗马圣彼得大教堂工作，但关系不好，设计理念经常存在矛盾；不久，博罗米尼被调到这个小教堂项目。他心有不甘，誓要把小教堂设计成可以为他争一口气的作品。

难题是，地块太小，不适用罗马会堂式教堂的平面布局；预算也少，用不起昂贵的装饰，且要设三个供奉圣三一的祭殿。他灵机一动，把平面布置为两个三角形底边相对的四角菱形，一角是进口，其余三角为祭坛，之间既是中堂也是祭殿。这个不明确的空间（ambiguous space）是日后巴洛克建筑风格采用的空间概念。此外，建筑造型采用不同的凹凸面，使用大量廉价石灰造成弧线装饰，目的是要达到虽小却大的视觉效果和把视线带到要去的地方。

这座小小的教堂，大大地影响了巴洛克建筑风格日后的发展。

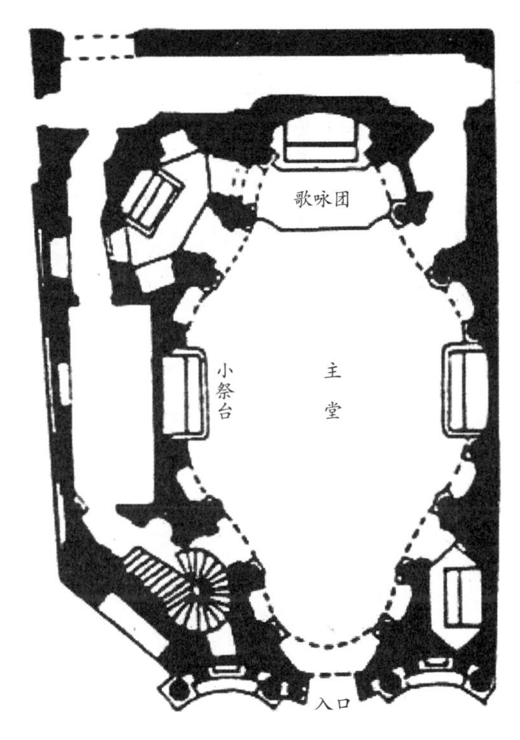

∴ 圣卡罗教堂平面示意图

安康圣母教堂（St.Maria della Salute，1632—1682年）

意大利·威尼斯

用环境效益、立体感强、因地制宜、手法灵活、不拘一格等来形容这座教堂，一点也不为过。

大教堂虽然是罗马天主教教堂，却没有采用罗马会堂式教堂布局。说它套用了罗马万神庙圆殿概念，外观上却是八角造型，且在进口门廊上空加了一个穹顶和两侧的尖塔。

大教堂位于港口水道和大运河之间狭长地带的尖端，南北临水，西面是民居，东面是海关楼（Dogama House），是进入威尼斯的必经之路。大教堂不寻常的造型和雕塑性装饰构件，原来都是为了美化城市景观，在水道进口处建立视觉焦点，加强到访者对威尼斯的观感而设计。把水道视为设计的重要元素，是威尼斯巴洛克风格的特色。

∴ 安康圣母教堂

特莱维喷泉（The Trevi Fountain，1732—1763年）

意大利·罗马

从古埃及石窟王陵的会说故事的壁画、古希腊厄瑞克透斯神庙的静中带动的少女像、意大利威尼斯那诱发想象力的叹息桥，到巴洛克时期，建筑师已可以把神话、传说和历史通过建筑来说故事了。

相传公元前19年，罗马城严重缺水，在名叫特莱维（Trevi）的少女指引下，在近郊13公里处找到水源，因而在引水道出口处以她的名字建造喷泉来感谢她。

原喷泉和引水道在公元6世纪哥特人入侵时被破坏，现喷泉在18世纪中叶重建。建筑师沙维（Salvi）采用了贝尔尼尼的沉舟喷泉手法来创作，但最终由帕尼尼（Panini）完成。特莱维喷泉就像剧院舞台，建筑师就像导演，把历史故事、传说和水神的故事都编进去了，也为建筑这名词下了新的定义。

∵ 特莱维喷泉

8 洛可可

Rococo

洛可可风格兴起于法国，此时期的建筑结构与装饰已完全脱离关系，而将创造力都放在装饰上。

洛可可是18世纪末在法国兴起的风格。这时期，建筑结构与装饰已完全脱离关系，装饰不必考虑建筑结构，创造力都放在装饰上。

·洛可可名称的由来·

洛可可（Rococo）源自法文ROCAILLE一词，意思是珍贵的小石块和罕见的贝壳，或是异样的珍珠；与葡萄牙BAROCO一语并合，寓意不规则、自然，但轻巧、精致及奢侈华丽的装饰风格。

由于地理原因，源于意大利佛罗伦萨的文艺复兴运动，到17世纪初的高峰期才蔓延到法国；更由于政治宗教形势不同，早于15世纪，法国君主制已趋稳定，席卷欧洲的宗教改革，在法国却影响轻微，因此，法国不重视在宗教改革推动下意大利发展出来的巴洛克建筑风格，他们重新诠释巴洛克的理念，用到法国的建筑和装饰上，竟将装饰变成重点。因此，有人认为洛可可是巴洛克艺术的极致，批评的人则说它肤浅、奢华，缺乏品味。

在洛可可式建筑里，中国游人经常发现中国风格的装饰房间。当时中国味道的装饰品是一时风尚，当然其中有纯中国风的，而更多的是欧洲演绎的中国风格。

建筑风格的成因

文艺复兴运动期间，法国因为上世纪兴建的宗教建筑仍敷使用，于是社会建设大多是皇室贵族的宫殿、城堡、庄园和大宅等。

15—16世纪是意大利文艺复兴的高峰期。法国在欧洲地位举足轻重，政治和军事力量强大，一度统治意大利那不勒斯、威尼斯、米兰和佛罗伦萨等地区，虽然最终无功而返，却习染了当地的风尚。意大利建筑师和园林师受聘去巴黎，法国人也积极到罗马学习；因此，这一时期的法国建筑夹杂着意大利国粹派的古典手法和人文主义的前巴洛克创作理念。

为了摆脱意大利的影响，创造国家建筑形式，法国人重新诠释这些来自意大利的手法，把理念灌输到装饰艺术中。

建筑特色留意点

外观及布局

• 建筑仍然有古罗马的因素，构件组合比巴洛克更灵活。最显著的特色是造型简洁、高大陡斜的金字塔式屋顶，抑或内藏阁层、开老虎窗（dormer light）的双斜面四坡屋顶，又称为法国屋顶或孟莎式屋顶（mansard roof）。

• 强调园林设计，重视建筑与户外环境配合、营造景致。

• 外装饰的浮雕用各种弧线造型，常用与建筑毫不相干的花环、穗状花序（spike）雕塑装饰。色彩简单，以建筑材料原色泽为主调。

∴ 洛可可建筑外观浮雕常用各种弧线造型。

内装修

• 室内装饰富丽堂皇，工艺精细，色彩丰富，与建筑外观形成强烈对比。花式板隔，镜面、大理石、镏金线饰等是主要贴面材料；雕塑、绘画、水晶灯饰、挂毯以及世界各地搜罗而来的工艺摆设更是不可或缺；中国明清陶瓷、漆器、家具等更广受欢迎。

∴ 建筑室内富丽堂皇，色彩丰富。

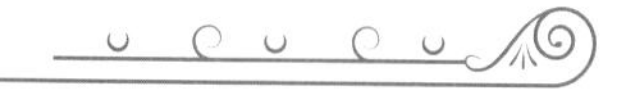

名 作 分 析

凡尔赛宫
Palace of Versailles

（1661—1756年）

法国·巴黎

设计师

主要建筑：建筑师勒沃（Louis Le Vau）、孟莎（Jules Hardouin Mansart）、画家勒布伦（Charles Le Brun）

园林：勒·诺特尔（Le Notre）

凡尔赛的历史

凡尔赛宫在巴黎西南郊，原是贵族的狩猎庄园，现在的大部分建筑都是由法王路易十四所建。他五岁登基，受到贵族和顾命大臣的挑战，幸而有母后保护，才得以于23岁亲政；因此，他自幼便体会到权力的重要，学会驾驭王室贵族、公卿大臣之术。

最初的宫殿于1661年在原庄园的基础上修建，并在1664至1710年先后4次扩建，目的是使贵族集中到他控制的范围，降低他们在政治上的影响力。

每次扩建，恰巧都在对外战争前后，可见路易十四一生不是扩张权力、巩固统治，就是沉迷于享乐，消耗国家财富。他喜爱文艺，执政72年间，是法国王朝时代的全盛时期。但到他晚年，国势江河日下，为王朝灭亡埋下种子。因此，凡尔赛宫被认为是划时代的建筑艺术，法国王朝由盛至衰的象征，引发法国人民日后追求民主、自由的原动力，极有历史、社会和建筑意义。

凡尔赛宫的建筑、园林和装饰先后由多个名噪一时的建筑师、园艺师和艺术家设计，创造了皇家建筑的新典范。欧洲其他国家纷纷效法，俄罗斯彼得大帝更把这种风格千里迢迢带回圣彼得堡。

外观看点

凡尔赛宫是17世纪法国路易十四为了宣扬国家富强的形象、君主专权和享受奢华生活而建，因此，建筑、装饰和园林等设计各有不同的手法。

宫殿坐东向西，广场分为外庭（minister's court）、中庭（royal court）和前庭（marble court）三部分，布局和罗马圣彼得大教堂的广场相似。

∴凡尔塞宫外观

造型统一、严谨、对称、均衡而雄伟，是文艺复兴前期典型的古典建筑风格，但以砖造的墙板（wall panel）来代替传统的列柱；立面简单、沉实，但缺乏惊喜；反而屋顶是最具特色的建筑构件，以后这种曲折式的钝金字屋顶，上开老虎窗，被冠以建筑师的名，称为孟莎式屋顶（Mansard Roof，又译法国屋顶）。外墙和屋顶贴上各式各样与建筑构件无关的精致装饰，只追求视觉效果，为装饰而装饰，是洛可可建筑风格的特色。

凡尔赛宫的花园是欧洲最大的皇家园林，面积一百多万平方米，一望无际，由运河、人工湖、喷泉、花坛及大小行宫（trianon）组成。平面以几何布局，喻意自然与文明有序，天工与人力和谐，是欧洲封建时代典型的园林规划手法。

园内所有景点均以罗马神话为主题。其中值得欣赏的，首推拉冬娜喷泉（Latona Fountain），是孟莎作品，女神和蛤蟆造型隐喻路易十四登基时受到奸佞威胁，幸得母后支撑，才得以顺利执政的事迹；其次是太阳神喷泉（Apollo Fountain），路易十四自喻为罗马神话里英勇的太阳神，勒布伦以太阳神驾车巡游的雕塑来歌颂他的丰功伟绩。

:· 凡尔赛宫平面图

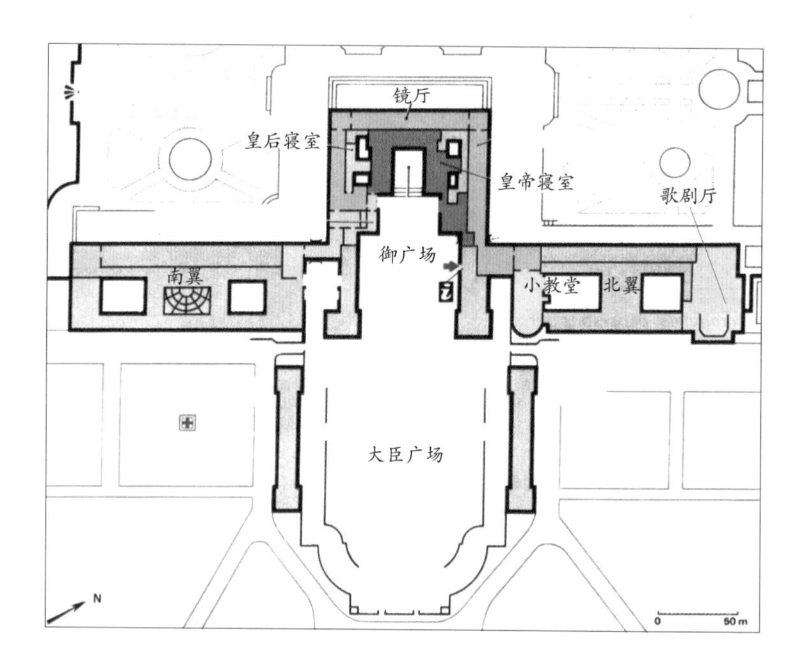

∴ 凡尔赛宫的花园是欧洲最大的皇家园林。

∵ 凡尔赛宫花园池塘。

此外，海神（Neptune）、酒神（Bacchus）、花神（Flora）、丰收神（Ceres）、冬神（Saturn），以至金字塔等喷泉的造型和雕塑，均出自名家之手，是当年艺术潮流的代表作，也反映了意大利文艺复兴的艺术创作理念对法国影响深远。

园林设计以园为主，宫殿的西立面自然是园林的背景，所以西立面看不到孟莎式屋顶和烦琐花巧的装饰，色彩比较单调，建筑的风格也倾向稳重、严谨。

∵ 拉冬娜喷泉，最值得欣赏。

∴ 太阳神喷泉，形象栩栩如生。

∵ 园内景致均以罗马神话为主题，图为冬神。

∴ 镜厅内17扇落地玻璃窗，户外园景一览无遗；墙上装上大如窗户的镜子，映出户外园景，使人亦幻亦真。

内部看点

虽然洛可可艺术风格在建筑和园林上也可看到一鳞半爪，但精粹还是在室内。王室的起居生活、交际娱乐、坐朝理政、接待外宾、会见公卿大臣，都在宫中，装修富丽堂皇。国王和王后的寝宫更是讲究。

两寝宫之间的走廊改建为镜厅，长72米、宽10.5米、高12.3米，位处宫殿的正中央，西墙造17扇落地玻璃窗（门），户外园景一览无遗；内墙装上若干大小相若的镜子，不但使室内空间看起来更加宽敞，更反映出园林景色，使人亦幻亦真，是前巴洛克空间理念的手法。内墙的大理石贴面及嵌饰，工艺精细。拱形天花上画满路易十四的英雄事迹，均以镏金线饰和浮雕作装饰。虽然摆设比较简单，但在琉璃吊灯和烛台的陪衬下金碧辉煌，艺术作品琳琅满目，是洛可可装饰风格的杰作。

∴ 大特里亚农宫内，讲究的约瑟芬皇后寝室。

∴ 凡尔赛宫的过厅内，工艺精细的大理石贴面及嵌饰。

名 作 分 析

凯瑟琳宫
Catherine Palace
（1741—1796 年）

俄罗斯 · 圣彼得堡

∵ 凯瑟琳宫南立面

∴ 凯瑟琳宫的建筑规划以园林为主。

凯瑟琳宫的历史

虽说洛可可建筑风格源于18世纪初的法国皇家建筑，但表现得更加淋漓尽致的，要算俄罗斯的凯瑟琳宫了。

宫殿以凯瑟琳为名，却是和三位性格作风截然不同的女沙皇有关。

它原是彼得大帝赏赐给平民出身的第二任妻子凯瑟琳的一幢避暑小庄园。温柔的凯瑟琳生活简朴，于丈夫死后成为凯瑟琳一世，当政两年。因为她作风低调，庄园仍保持简约的模式。

第二个女沙皇是彼得大帝和凯瑟琳的次女伊丽莎白。她活泼不羁，疏于学习，耽于玩乐。在姐姐当政期间，她饱受压制，于是登位后变本加厉，大规模扩建宫殿，现在我们看到的宫殿及内外奢华的洛可可风格装饰，便是她的主意。

王权辗转落在彼得三世妻子凯瑟琳二世（Catherine the Great）手中。她出身贵族，喜爱文艺、哲学和科学；执政34年（1762–1796年），是俄罗斯王朝的黄金年代。她的智慧和成就，都在该宫殿的后期建设中体现出来。

外观

凯瑟琳宫在距圣彼得堡东南20多公里普希金市（Pushkin）的帝王村（Tsarskoye Seto）内。规划概念上，帝王村是一个建筑整体，所有建筑都是为皇家起居游乐而设，

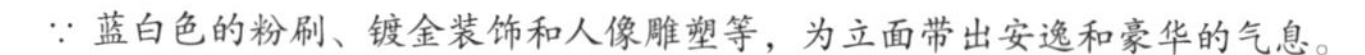

∵ 蓝白色的粉刷、镀金装饰和人像雕塑等，为立面带出安逸和豪华的气息。

进了村便犹如进了宫，因而不需要防卫功能。这样的空间理念，除了考虑室外天气及视觉比例之外，建筑的外立面设计和内装饰就没有区别了。

凯瑟琳宫的建筑规划是以园林为主，在空间概念上是园林包拢整体宫殿，建筑物都是园林的构件（像中国园林的亭台楼阁，也和现代建筑的先造园后建筑的规划相似），这跟法国凡尔赛宫把园林作为宫殿的后花园不同。由于这点有别，凯瑟琳宫的建筑立面设计在概念上也和凡尔赛宫不同。凯瑟琳宫前后的园林均以工整对称的古典手法布局，周边自然绿化、因地制宜，在苍林茂叶、树影婆娑、小桥流水、繁花似锦之间，分布着大大小小的建筑小品。

主建筑是女沙皇伊丽莎白年代扩建的。欧洲不同时代、不同风格的建筑构件都用上了。这些希腊式三角顶（pediment）、罗马式列柱、拜占庭式穹顶和巴洛克式构件等，纯粹都是装饰作用，和原来的建筑风格没有关系；再加上蓝白色的粉刷、镀金装饰和人像雕塑等，为立面带出安逸和豪华的气息。这手法内外一致，是洛可可装饰风格高峰时期的建筑特色。

要欣赏该时期不受装饰潮流影响的建筑风格，东南方向、一箭之遥的亚历山大宫（Alexander Palace）便是了。它是凯瑟琳二世送给孙儿亚历山大一世（Alexander I）结婚的寓所。由意大利建筑师贾科莫（Giacomo Quarenghi）设计，造型简洁，建筑功能与艺术表现配合，构件的比例和谐协调，没有奢华装饰，是典型的前巴洛克的古典风格。

访客如能对园林里各建筑从年份、风格小心观察，就可以体会到两位女沙皇在18世纪对俄罗斯的政治、经济、文化、艺术的影响。

内部装饰

由休闲生活到管治国家，建筑设计到园林小品，处处都显示两位女沙皇的不同性格、品位和作风，室内装修自然也不例外。现在看到的大多是伊丽莎白年代的作品，虽然部分经过修改，但基本上仍保持原样。

·门当而户不对的联姻·

伊丽莎白的父亲彼得大帝曾希望把她许配给法国年轻国王路易十五，但她的母亲出身平民，法国皇室拒绝。此后，伊丽莎白因各种原因，终身未嫁。

∴ 富丽堂皇的宴会厅，比凡尔赛宫的镜厅有过之而无不及。

金光灿烂、样式繁茂、工艺精巧，是洛可可装饰风格的特色。伊丽莎白主政后，为了报复当年法国拒绝和亲，聘用意大利洛可可设计师拉斯特雷利（Bartolomeo Rastrelli）刻意把宫殿建得比法国的宫殿还富丽堂皇，寝宫的前厅（Antechamber）和大厅（Great Hall）比凡尔赛宫的镜厅有过之而无不及，并且将奢华的装饰还用到建筑的外立面上。此外，琥珀厅（Amber Room）更值得游览，那些价值连城的宝石，面积共达96平方米，原是普鲁士国王威廉一世（Frederick William I）送给彼得大帝的，后被伊丽莎白安装到琥珀厅，至今位列“世界八大装饰奇观”之一。补充一句，“二战”时此宫被毁，现在见到的是原址修复的。

凯瑟琳二世的品位与姨母伊丽莎白不同，虽然仍存在洛可可的影子，但明显比较简约朴实，镀金减少了，文化气息浓厚了。儿子保罗一世（Paul I）的书房及儿媳玛利亚（Maria Fiodorovna）的画室、孙儿亚历山大一世的书房等，都反映出她对意大利文艺复兴前期古典艺术风格的喜爱。此外，阿拉伯厅（Arabesque Hall）的异国风情和教堂诗歌班前厅（Choir Anteroom）的法国气息，都是由苏格兰裔复古主义建筑师卡梅伦（Charles Cameron）设计的。

凯瑟琳宫内有伊丽莎白年代的中国画室（The Chinese Drawing Room）或是凯瑟琳二世时期的中国蓝画室（The Chinese Blue Drawing Room），都采用中国丝绸和陶瓷作为装饰，反映中国古典艺术和工艺品在当年深受喜爱。

其他洛可可著名建筑

安德赫斯修道院（Andechs Monastery，18世纪）

德国・巴伐利亚

这座修道院是一个怪怪的、出人意料的建筑，它本是供神职人员静修的地方，却又以啤酒和奢华的装饰闻名。

修道院外观似是十分简约的巴洛克风格，但又保留了15世纪哥特时期留下来的教堂大堂。外墙全是粉刷，涂上稀奇古怪的图案。内装修则截然不同，设计认真，手工细致，装饰烦琐，金光灿烂，天花板满布七彩缤纷的图画；走进内堂，令人眼花缭乱，比同时期金碧辉煌的帝王宫殿也不遑多让。

:· 安德赫斯修道院

茨温格宫（The Zwinger Palace，1710—1728 年）

德国·德累斯顿

波兰国王奥古斯特二世（Angustus II）于18世纪初在领地德累斯顿的外城堡兴建。他在1687-1689年间出巡时途经意大利和法国，对文艺复兴早期的复古建筑和凡尔赛宫的装饰风格十分向往，正巧这时波兰在对抗土耳其人的战争中获胜，外城堡派不上用场，便要求建筑师把这两种风格结合起来，为他在该址建造一座可以和意大利人、法国人相媲美的宫殿。

∵ 茨温格宫

∴ 无忧宫

珊苏西宫（Sanssouci Palace，1813年）

德国 · 波茨坦

珊苏西宫又名无忧宫，是普鲁士国王腓特烈二世（Frederick II）无忧无虑避暑的夏宫，并非用来向他人炫耀之地。

当时正值意大利文艺复兴古典建筑与法国洛可可装饰风格并存之际。夏宫从平面到装饰都是腓特烈二世亲自构思，因此，夏宫的风格又被称为腓特烈的洛可可风格，证明这时候洛可可的风气已吹到欧洲的王室贵族中。20年后，当腓特烈二世在夏宫之西建造较具规模的新宫殿时，设计又回复到巴洛克风格。

9

18到20世纪初 西方建筑

18—20c Architecture

18世纪末的法国大革命对欧洲各个王朝都有巨大的冲击，专制政治开始没落，政体改革加快。自由思想蔓延，在一片求新求变的浪潮中，创作理念百家争鸣，建筑风格也开始分道扬镳了。

布杂艺术（Beaux-Art）

洛可可风格被法国人认为是专制政权奢侈糜烂的象征，建筑师于是再到意大利去探索和诠释古罗马建筑的精神。19世纪时，在法国国王拿破仑一世积极支持下，成立了国家美术学院（Ecole des Beaux-Art），系统地培育创作人才，于是形成布杂风格（Beaux-Art，又译为“美术学院派风格”）。这美术学院派的风格，特征是强调欧洲

∵ 巴黎歌剧院（Opera House，1861—1875年）法国・巴黎

∴ 文化遗产大厅（Heritage Hall，1914年） 加拿大 · 温哥华

建筑的道统，但是使用相关的构件时，并不讲究按它们原来的制度；如何好看，如何好玩，就如何做。

这一时期，法国建筑在欧洲处于领导地位，影响力及于德国、荷兰、比利时一带。布杂艺术在20世纪之交也影响了美国建筑，从而熏染了当时到美国学建筑的中国留学生。

∴ 卢浮宫（Louvre Palace， 1546—1878年） 法国·巴黎

∴ 上：太阳报大楼（Sun Tower，1912年）加拿大·温哥华

下：道明信托大楼（Dominion Trust Building，1910年）加拿大·温哥华

希腊复兴
（Greek Revival/Neo-Greek/Neo-Classicism）

英国首先采用的建筑风格。事缘于18—19世纪之交，君主立宪制度已趋成熟，为了建立国家形象和法国在政治上分庭抗礼，当法国人去意大利探索古罗马建筑的时候，英国人则从希腊引入古建筑的形制来表示议会政治的精神；此后被其他实施共和政体的地区引用，成为民主自由的建筑符号。

∵ 美国国会大楼（The U.S. Capital，1792-1867年）美国 · 华盛顿

∴ 大英博物馆（British Museum， 1825–1850年）英国 · 伦敦

∴ 财政部大楼（Treasury Department Building， 1836–1842年）美国 · 华盛顿

∴ 杰弗逊纪念堂（Thomas Jefferson Memorial， 1938–1943年） 美国 · 华盛顿

∴ 希腊国家图书馆（The National Library，1888–1903年）希腊 · 雅典

∴ 阿喀琉斯宫（Achillion Palace，1890年）希腊·克基拉岛（Corfu）

哥特复兴（Gothic Revival/Neo-Gothic）

又称新哥特（Neo-Gothic）建筑。

若说希腊建筑风格的复兴是建基于英国的政治因素，那么，同时在英国出现的哥特复兴则是宗教的需要。自17世纪起，新教（Protestant）在英国崛起，渐渐代替了天主教的地位，成为信仰的主流。到了18世纪中叶，为避免天主教死灰复燃，新教刻意要创造与梵蒂冈有别的宗教形象，中古的哥特建筑风格被认为更符合新教精神，宗教建筑大多复用。

这一时期，希腊哥特复兴建筑风格分别在宗教和政治上发展。19世纪以后，哥特被认为更能够代表君主宪政的精神，于是除了苏格兰部分地区以外，取代了希腊复兴风格的位置。这种吸收改造外来的东西，不必全新创造的做法，符合英国人保守文化的精神。不过，受到工业革命的影响，设计和建筑都融入了新技术和新材料，与原来的建筑已有所不同。哥特的挺拔尖耸风格日后更发展为艺术装饰，风格也就变为形式了。因此，哥特复兴也被称为新哥特建筑形式（Neo-Gothic Style）。

∴ 圣帕特里克大教堂（St. Patrick Cathedral 1853—1878年）美国·纽约

∵ 圣家族大教堂（1903—1926年）
（Church of the Sagrada Familia）
西班牙·巴塞罗那
注：这座教堂既是哥特复兴，亦是新艺术。

名 作 分 析

哥特复兴建筑

英国国会大楼

House of Parliament, Westminster New Palace

（1840—1860年）

英国 · 伦敦

∵ 英国国会大楼

哥特建筑早在14世纪前便由法国引入英国，在都铎（Tudor）王朝广泛采用。

英国人的新哥特建筑，比原来的更强调垂直的造型，同时亦把原来的尖拱由两圆心弧的造型改为较扁平的四圆心弧。因此，也称为盎格鲁法国式哥特（Anglo-French）、垂直式哥特（perpendicular），或干脆按王朝的名，称为都铎建筑形式。

英国国会大楼原建筑在20世纪30年代前曾两度烧毁，现在看到的是复建和重修的模样。大楼外墙贴上石块，这时候所有哥特的样式已经纯粹是装饰，和结构没有实质的关系，我们欣赏时，就不必拘泥于原来建筑的教条了。

严肃、谨慎、认真、一丝不苟、细致、繁茂，是新哥特的艺术表现，所有装修线条、图样、雕塑等均回复到中古时代的手工艺，和当时追求机械美的艺术倾向形成强烈对比。

西南角的维多利亚塔楼，造型仿照中古的碉堡，寓意保护皇室和国家宪法；地库是礼仪用的入口，有点像紫禁城的中门，也是皇室贵族进出国会大楼的地方。

北端的钟塔俗称大本钟(Big Bang)，是哥特建筑钟楼的代替品；原来召唤教众崇拜的钟，现在改为向公众报时；塔顶的设计及老虎窗和法国的孟莎式屋顶相似，可见英国对外来的建筑文化兼收并蓄。

大楼中央，大堂上空有一个尖塔，原意是用作大楼内四百多个火炉的通风竖井，虽然限于当年的技术，并没有成功，却成为整幢大楼最能代表哥特风格的建筑符号。

∴ 北端的钟塔俗称大本钟，是哥特建筑钟楼的代替品。

若要认识都铎时期的英国式哥特建筑

∵ 维多利亚塔楼，造型仿照中古的碉堡，寓意保护皇室和国家宪法。

风格，大楼的威斯敏斯特大厅（Westminster Hall）是很好的例子。大厅内的双叠式尖拱梁架屋顶结构也不应错过。

巴洛克复兴（Baroque Revival / Neo-Baroque）

18—20世纪一片改革、转变、社会动荡的气氛中，建筑也潮起潮落。但是，源于意大利文艺复兴时期的巴洛克艺术理念没有因此而消失，反而随着各地不同的历史文化、地理环境、社会状态等因素持续发展，在各地孕育出不同的建筑特色。

以英国为例，维多利亚年代（Victorian Era，1837-1901年），是英国政治和经济全盛时期，也是希腊复兴风格渐渐式微，巴洛克悄悄从法国进入英格兰时期。20世纪前的艺术理念仍保留前

∴ 最神圣的耶稣基督的心教堂（Cathedral of the Most Holy Heart of Jesus Christ，年代不详）波兰·比得哥什市（Bydgoszcz）

巴洛克人文主义（Mannerism）的特色。到了20世纪，英国国力开始下滑，为唤醒国人重建昔日的光辉，在政府的支持下，建筑师积极探索能体现全盛时期国家精神的建筑形象，在巴洛克基础上，融入了各地的特色，形成新的建筑形式，也称英国巴洛克建筑（English-Baroque Style）。

英国没有建筑文化的历史包袱，又向来有吸取外间优点为己所用的民族特性（保守主义）。当年英国著名建筑师布赖登（John Brydon）解释英国这种建筑文化的现象："现代英语比意大利文艺复兴的成就更加优越，建筑师需要认识历史经验，珍惜昔日成果，才可使建筑设计达到更高的境界。"

∴ 苏格兰场大楼（Former Scotland Yard，1887-1888年）英国·伦敦

∴ 阿里亚加剧院（Teatro Arriaga，1890年）西班牙·毕尔巴鄂（Bilbao）

∴ 旧国防部大楼（The War Office 1898–1906年）英国·伦敦

罗马风复兴（Romanesque／Roman Revival, Neo-Romanesque／Neo-Roman）

美国兴起的建筑风格。美国本来承袭殖民年代的英国风格，独立后，欧洲各地移民带来各地的建筑文化，但是这些建筑不完全适合当时当地的环境和经济。19世纪后期，建筑师亨利·理查森（Henry Hobson Richardson）重新诠释的罗马风建筑风格流行于北美，这种建筑风格又被称为“理查森式”（Richardsonian Style）。

新风比原来的简洁，不再以雕塑为主要装饰手法，砖/石艺更加精致，建筑造型千变万化。要仔细欣赏，才能领略设计的理念和技巧。

∵ 史密森尼博物馆（Smithsonian Institution Building，1847–1855年）美国·华盛顿

∵ 熨斗大厦（Flatiron Building，1902年）美国·纽约

∴ 加州大学莱斯会堂（Royce Hall， University of California，1937年）美国·洛杉矶

∵ 马萨诸塞州市政厅（Massachusetts State House，1917年）美国·波士顿

∴ 斯坦福大学（Stanford University， 1891年），美国・加利福尼亚州

∴ 上：多伦多大学主楼（Main Building of University of Toronto，1857年）加拿大·多伦多
下：圣三一教堂（Holy Trinity Catholic Church， 1896年）美国·路易斯安那州·什里夫波特（Shreveport）

新艺术（Art-Nouveau）

∴ 新艺术海报

欧洲在工业革命的高峰时，新技术、新产品、新需要，改变了生活方式，也改变了传统的思维模式，催生出一个崭新的艺术理念。于是，传统的对称、雄浑、力量、理性、现实，变为不对称、纤幼、柔弱、浪漫、超现实，严谨的制式也变为自由的组合，单调的颜色变为多姿多彩。总之，不受任何传统束缚，自由奔放，创意无限。

这些新理念从法国、奥地利冒起，席卷各大城市，以巴黎、柏林、维也纳、巴塞罗那及今日拉脱维亚的里加（Riga）、波兰的克拉科夫（Krakow）最具代表性。

建筑方面，著名的西班牙建筑师高迪（Antonio Gaudi）把理念推到建筑创作的最高境界，史称新艺术建筑风格，是从古典到现代主义（Modernism）过渡期间的建筑潮流。

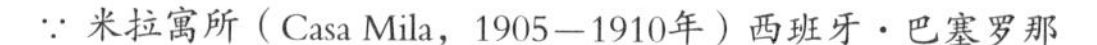

∵ 米拉寓所（Casa Mila，1905—1910年）西班牙 · 巴塞罗那

∴ 埃菲尔铁塔（Eiffel Towe，1889年）法国 · 巴黎

名 作 分 析

新 艺 术 建 筑

巴特略寓所
Casa Batllo

（1905—1907 年）

西班牙 · 巴塞罗那

设计：高迪（Antonio Gaudi）

19、20世纪之交，一切在变，社会表面上充满新动力，背后却隐藏着恶魔，吞食社会的成果。巴特略是中产阶层的寓所，原建筑于1877年完成，现建筑是1904—1906年间由高迪改建，造型天马行空，艺术表现不拘一格，但处处仿若向传统挑战。

∴屋顶上球形十字顶的尖塔，象征屠龙之矛，直插恶龙背部。

巴特略寓所的立面上，传统与创意并列，外墙装饰得花团锦簇，却是骷髅遍地，背面隐伏着变色的恶龙，寓意在繁华的社会状态下，中产者其实是传统恶势力的牺牲品。屋顶上球茎形十字顶的尖塔，象征中古传说中的圣乔治屠龙之矛，直插恶龙背部。

建筑至此，就不单是盖房子了。游访这世界文化遗产，欣赏这划时代建筑之余，见到设计者借作品表达对当时社会现象的意见，对历史、文化、艺术体现于建筑的关系，一定更有体会吧！

∴巴特略寓所内部

∵ 巴特略寓所装饰得花团锦簇的外墙

∴ 立体主义

∴ 表现派

∴ 达达主义

艺术装饰（Art Deco）

盛行于20世纪20至40年代。“一战”和“二战”之间，重建艰难，装饰繁复和造价高昂的各种古典建筑复兴风格显得不合时宜。在求新求变之下，立体主义（Cubism）、风格艺术（De Stijl）、达达主义（Dadaism）等视觉艺术兴起，再受到新艺术、印象派、表现派（Expressionist）等理念的影响，建筑艺术多元发展，并无主导形式；但共同特色是造型简单，节奏明快，线条流畅，色彩丰富。这段泛称艺术装饰的风潮，是进入现代建筑的里程碑。

∴ 克莱斯勒大厦（The Chrysler Building，1930–1932年）美国·纽约

∴ 海景大楼（Marine Building，1930年）加拿大·温哥华

∴ 伯克利酒店（Berkeley Shore Hotel，1940年）美国·迈阿密

∴ 阿马特耶之家（Casa Amatller，1898-1900年）西班牙·巴塞罗那

∴ 殖民地酒店（Colony Hotel，1939年）美国·迈阿密

∵ 哈尔格林姆斯大教堂（Hallgrimskirkja modern church，1945–1986年）冰岛·雷克雅未克

特别致谢

感谢阿拉伯埃及共和国驻中国大使馆文化处提供部分埃及图片之协助。

照片来源

Chapter 1

Shutterstock.com:pp1-2(Ian Stewart)\p4上图（WitR）\p4下图左（WitR）\ p4下图右（Sorin Colac）\ p5下图（vvoe）\pp10-11下图(P.Bhandol,TnT Designs, pegasusa012, siloto)\ p12上图（King Tut）\p12下图（Marcin Sylwia Ciesielski）\ p13上图（Al Pidgen）\ p13下图（Giancarlo Liguori）\ p14上图（Al Pidgen）\ p14右图（WH CHOW）\ p14下图（Francisco Martin）\ p15（Marcin Sylwia Ciesielski）\ p17（Teresa Hubble）\ p18上图（deepblue-photographer）p18下图左（R.Vickers） \ p20（In Green）\ p21（Pius Lee）\ p23上图（Lisa S.）\ p23下图（Victor V.Hoguns Zhugin）\ p27（WH CHOW）

Wikipedia:p9(Bill Barron)

Egypt Art:Principles and Themes in Wall Scenes(Foreign Cultural Information Dept. Minister of Culture, Egypt)

Abdeen Palace(CULTNAT)

Chapter 2

Shutterstock.com:pp28-29(Nick Pavlakis)\ p39(Pietro Basilico)\ p43上图(Dimitrios)\ p45(Ralf Siemieniec)\ pp46-47(Hintau Aliaksei)\ p50(elen_studio)\ p51(Ralf Siemieniec)\ p52(PerseoMedusa)\ p53(vvoe)\ p54(Luca Grandinetti)\ p55(Georgios Alexandris)

Chapter 3

Shutterstock.com: pp56-57(Fedor Selivanov)\ p61(Arena Photo UK)\ p62(Viacheslav Lopatin)\ pp64-65(Rob van Esch)\ p66(nhtg)\p67(Olga Dmitrieva)\ p71(Bartlomiej K.Kwieciszewski)\ p72(Chad Buchanan)\ p73(Vladimir Korostyshevskiy)\ pp74-75(SF photo)\ p76(Matt Ragen) \p77(pio3)\ p79(Viacheslav Lopatin)

Chapter 4

Shutterstock.com: pp80-81(Yulia Gursoy)\ p85(Matt Trommer)\ p87(vvoe)\ p89(Yulia Gursoy)\ p90(EvrenKalinbacak)\ p91(Faraways)\ p93(Kiev.Victor)\ p95(vvoe)

Chapter 5

Shutterstock.com: p100上图(Claudio Giovanni Colombo)\ p100下图(karnizz)\ p102(fritz16)\ p104(Perseo Medusa)\ p105上图(luca amedei)\ p105下图(josefkubes)\ p106(Ivan Smuk)\ p108(luca amedei)\ p109(AHPix)\ p110(Pavel Kirichenko)\ p111 (Pavel Kirichenko)\ p113(Dmitriy Yakovlev)\ p114(Mikhail Markovskiy)\ p115(CRM)

Chapter 6

Shutterstock.com: p122(Kiev.Victor)\p123(Christian Delbert)\p124(ribeiroantonio)\ p126(Giancarlo Liguori)\ p127(ribeiroantonio)\p129(ostill)\ p130(Vladimir Korostyshevskiy)\ p134(Karol Kozlowski)\ p135(anshar)\ p136(wjarek)\ p137(Mikhail Markovskiy) \p138(Tomas1111)\ p139 (JeniFoto)

Chapter 7

Shutterstock.com: p145(deepblue-photographer)\ p147(bellena)\ p149(Caminoel)\ p150(TongRo Images Inc)\p151(cesc_assawin)\ p152(stocker1970)\p157(IFelix)\ p158(Khirman Vladimir)\ p160(s74)\ p161(Luciano Mortula)

Chapter 8

Shutterstock.com: pp162-163(Irina Korshunova)\p166(Kiev.Victor)\ p169上图(Vorobyeva)\ p169下图 (Jose Ignacio Soto)\ p170(Jose Ignacio Soto)\ p171下图(Pack-Shot)\p172(Jose Ignacio Soto)\ p173上图(Jose Ignacio Soto)\p173下图(Suchan)\ p174 (Vladimir Sazonov)\p175(MACHKAZU)\p176(Iakov Filimonov)\pp178-179(nimblewit)\ p181(Jorg Hackemann)\ p182(Borisb17)\p183(Philip Lange)

Chapter 9

Shutterstock.com:p186(N.A.)\pp188-189(irisphoto1)\p190(Mustafa Dogan)\p191上图(Mustafa Dogan)\p191下图(Mesut Dogan)\p192上图左(Songquan Deng)\p192下图(totophotos)\ pp192-193 (Vladislav Gajic)\ p194(Abdul Sami Haqqani)\ p195(FCG)\ p196(Ritu Manoj Jethani)\p197(Claudio Divizia)\p198(Tutti Frutti)\p199(Tupungato)\p200(David Burrows)\ p201上图(nito)\p201下图(Oktava)\ p202左图(Zack Frank)\p202右图(Luciano Mortula)\ p203上图(Ken Wolter)\p203下图(Jesse Kunerth)\ p205上图(Mike Degteariov)\p205下图(Lori Martin)\p206上图(Ellerslie)\p206下图(Andrey Bayda)\p207(Miroslav Hlavko)\p208(Luciano Mortula)\p209(Alessandro Colle)\p210(Luciano Mortula)\p211上图(Vaclav Taus)\p211中图 (Neftali)\ p211下图(vector illustration)\ p212 (Paolo Omero)\p214上图(spirit of america)\p214下图左(vvoe)\p214下图右(Jorg Hackemann)\p215(Doin Oakenhelm)